新时代中国乡村振兴指南丛书

乡村社区空间的再造设计

房木生 编著

中国建筑工业出版社

图书在版编目（CIP）数据

乡村社区空间的再造设计／房木生编著. —北京：
中国建筑工业出版社，2019.4
（新时代中国乡村振兴指南丛书）
ISBN 978-7-112-23540-7

Ⅰ．①乡… Ⅱ．①房… Ⅲ．①乡村规划–研究–中国
Ⅳ．① TU982.29

中国版本图书馆CIP数据核字（2019）第057338号

责任编辑：宋　凯　张智芊
书籍设计：锋尚设计
责任校对：赵　颖
封面题字：房木生

新时代中国乡村振兴指南丛书
乡村社区空间的再造设计
房木生　编著
＊
中国建筑工业出版社出版、发行（北京海淀三里河路9号）
各地新华书店、建筑书店经销
北京锋尚制版有限公司制版
天津图文方嘉印刷有限公司印刷
＊
开本：787×960毫米　1/16　印张：23　字数：285千字
2019年9月第一版　2019年9月第一次印刷
定价：**145.00元**
ISBN 978-7-112-23540-7
（33828）

自从2017年乡村振兴成为国家重大战略以来，我被邀请到村子里去参加的全国性会议多了起来。于是，这段文字就写在了因"五大气候带覆盖下的浅表地理资源条件不同"而千差万别的山水乡村的行走之间……

开头这个小自然段的第二句话，言简意赅地表述了为什么我们这个国家在新时代要通过乡村振兴才能实现向生态文明的伟大转变——被钢筋水泥堆砌的城市，具有反生态的内在性质。只有与大自然内生多样性密切结合为一体的千差万别的乡村，才是生态文明的载体。据此可知，所谓中华文明的伟大复兴，乃是万年生态农业为主要内涵的文明在新时代的复兴！由此，中国人才在21世纪生发出从"乡愁"到"乡建"的多彩故事……

在中国治学的传统中主张格物致知，如今人强调的实践出真知。几十年来带着脚踏实地的乡建团队改写了过于偏斜的西方中心主义倾向，对某些照搬过来的一元论派生对立价值取向造成的跟风炒作也有了基本的识别能力。借此书作序，也寄望于本土的乡村研究者，至少

要做到"理论联系实际",才能自觉区别于那些浸淫于殖民化知识体系中的发展中国家所谓学术界的数典忘祖。

有鉴于此,这些年我便尽可能地支持那些长期坚持在乡村实际工作中形成理性思考的学者。其中就有对创设了乡建院的李昌平推进的农村实践活动的支持。

乡建院这些年在全国协作建设了212个新农村示范村,还以这些村为案例编写了《新时代中国乡村振兴指南丛书》。李昌平要我为这么丰富的乡村案例集作序,理当领命。

一、审时度势方可处变不惊

首先是想提醒读者,基于我自己20多年在政策界工作的经验,各种基于不同利益集团的不同政策意见本来就无所谓对错,相应带来的对不同利益结构的调整本来也应属正常。至于是非功过,只能留给后人。因此,恳请代表着各种利益结构的大咖们不要把下面的说法对号入座。

接受作序之请,恰逢岁末寒流强劲。一片彻骨肃杀之中提笔,难免想起一句话:"冬天都来了,春天还会远吗?",但那话毕竟是个问号!我们注定要应对巨大挑战!然而,问题不在人家挑战,却在无问东西者与"不知杭汴"者的应对阙如!正所谓"盲人骑瞎马夜半临深池!"近年来之所以连"小员司小业主"们都有临渊之虞,是因为中国一方面正在遭遇国际局势恶化的严峻挑战,另一方面各种被海内外主流利益集团符合规律地生发出来的"灰犀牛"们,正被鞭策着奋蹄破尘……

好在天佑吾华!人们在"渔阳鼙鼓动地来"之际多少地有了些反思和觉醒。与其浑浑噩噩地跟着主流呼喊"40年未有之大变局"——

今人喊破嗓子也不如李鸿章"三千年未有之大变局"那一嗓子喊破了八旗贵胄之天下！

前些年，很多人把"产业结构高度化"和"加快城市化"作为主导思想的时候，我曾经提出过关于"两个50%"的警戒线，试图为决策者增加些思考的材料。一是"如果金融资本为主的所谓服务业占GDP比重超过50%，势必因金融异化于实体而内生性地爆发危机"；这个警戒线已经被突破，中国金融高速度扩张带动服务业占比很快超过了50%。二是"如果真实城市化率超过50%，中国就将不会再有城市资本危机代价向乡村转嫁而实现软着陆的基础"；这也正在被突破，中国现在的统计城市化率已近60%、户籍城市化接近50%……

这两句警语形成于我自1987年从事国际合作项目以来几十年大量开展的国际比较研究，并不表示对现行政策的任何对错。

中国融入全球化带来的演变，基本上符合西方主导资本全球化的规律。其在新世纪的主要变化过程是2001年美国爆发"9·11事件"为代表的政治危机，由此瞬间验证亨廷顿《文化冲突论》而陡然转向对恐怖主义的极高代价的连年战争；同年，美国还在经济上发生IT泡沫崩溃为标志的"新经济危机"。政治经济危机同时爆发，遂使2002年以来外资逃离美国大举进军中国，当然就造成进出口及外汇流入激增，同时当然导致国内人民币升值；这又反过来使外资追求汇率投机更多流入中国，诱使2003年以来几乎不可逆的"货币对冲"超发之下的"中国资金脱实向虚"——那一年的M2与GDP的比值逼近"2"倍。此后发生的，则是符合金融资本运作规律的国内"金融异化"。其直接表现是2007年与美国"次贷危机"同步爆发的中国股灾蒸发掉7万亿人民币的市值。但这显然没有改变输入型危机的规律——中国不分属性的资本巨婴们完全按照西方经济学教科书出牌——在华尔街金融海啸造成外

需更大幅度下降演变为国内实体经济过剩派生的脱实向虚压力下，更多析出资金进入虚拟部门，随之而来的是2015年股市危机销掉21万亿人民币，接续汇市危机销掉1万多亿美元外储……

在长期加快城市化的国家战略下，促使资本及其风险都过度麇集于大城市的作用之下，新世纪第二个10年资金继续"脱实向虚"。这时，无论左派强调国有资本还是右派强调私人资本，金融资本异化都会规律性地造成资本市场和房地产市场的过度投机。不论理论界如何做微观机制及宏观管理制度的解释，海内外投机资本追求流动性获利的内在动因造成全社会承担的巨大的制度成本，正在内生性地演化成绞杀性危机持续演化的复杂局面。

中国在2003年以后成为世界碳排放第一的国家，照搬西方模式高速现代化发展伴生着愈演愈烈的污染和资源环境灾难……即使美国人没有发起以贸易战为名、"新冷战"为实的对华"战略阻断"，中国自己也到了必须调整发展战略的时候了！

党的十八大确立了整个国家的"生态文明"转型方向；5年之后的十九大则确立符合生态文明大方向的"乡村振兴"战略！相应地，自十九大以来，盲目加快城市化及其代表的"粗放数量型增长"的说法，确实很少再见之于官方文件和各地一把手的正式讲话。

无独有偶，2002年中央农村工作会议掷地有声地宣布"三农问题"是全党工作的重中之重！此后则顺理成章地有了2005年9月党中央正式宣布确立"新农村建设"的国家战略。

自那以来，各级财政不断增加三农开支；而后，到2017年乡村振兴提出之际，国家财政最大项开支已经是三农；到2018年累计投入已经高达十几万亿！

中国这种海内外前所未有的大规模三农投入，确实违反被主流认为具有绝对真理意义的市场经济规律，更没有经济学教科书要求的那种短期市场回报！

新时代乡村振兴战略的最实际的作用，是与激进全球化生发出来的"灰犀牛"们赛跑……

一方面，巨大投资加强了农村基础设施和社会建设，使得多数地区农民户口的含金量已经高于城市。于是，那些沿着加快城市化老路大规模开发房地产的地方政府为了消化三四线以下城镇的房地产泡沫而减少负债过重的压力，刻意地把优质教育医疗资源强制性集中到县以上城镇，以此迫使重视子女教育的农民家庭迁户口进城。事实上，过去被西方作为批评中国制度歧视的"户口问题"实现了逆转！

另一方面，相对于全球危机对中国的打击，这个长期化的三农投资具有明显的两面性。其一，如果看政府通过大型国企下乡投资形成了巨大的沉淀成本和地方政府在国有银行的债务，则海内外的经济学家有关中国债务相对于GDP已经构成债务危机恶化为最大"灰犀牛"的担忧，当然算是"有的放矢"。其二，如果看这个国家对乡村基本建设投资形成的巨额物业资产，则至少基本实现了乡村水电路气+宽带的"五通"，客观地构成了吸纳中小企业创业创新的巨大的机会收益空间。

于是，近年来首先发生的是被地方政府高度认同的城市过剩资本的大举下乡。诚然，这在宏观上也算是缓解了资本过度麇集于城市的"生产过剩危机"！因为，只要过剩资本还能找到投资空间，则新世纪资本高速扩张造成的严重过剩矛盾就会缓解。若据此看，面对全球危机严峻挑战，中国的乡村振兴战略也许会成为又一次危机软着陆的基础。

但乡村振兴虽然有吸纳过剩资本的作用，但其初衷却并非是为了缓解城市资本危机而打造的应对基础。毕竟官方政治生态已经发生积

极变化，各级一把手职责所在还是得配合国家的生态文明转型，有关部门还是得去基层发动群众实现"20字方针"……那些很难跟得上中央转型战略指导思想而懒政怠政的官员或者研究部门中的两面人，肯定不在意本书的案例所代表的群众意愿；而那些积极地试图跟上中央战略意图的干部，则会对本书推出如此之多的村级案例感到受益良多；对于那些愿意开展研究的学者，本书也或多或少地有借鉴意义。

二、唯有心之人方可成有为之事

很多人表面上跟着总书记说乡村振兴，但却难以掩饰20世纪90年代以来那种"眼中有数，心中无人"的痼疾。可称之为"一心资本，二瞽人文，三农不适，四乡难稳，五谷仰外，六畜无存，七方负债，八面为人"。

而委托我作序的乡建院的创建者李昌平，是个有心之人。属于长期投身于乡村建设事业、从实践求真知的中国思想者之一。或许可以说，我算是看着他成长起来的老同志；因此，扶持中青年骨干乃是义不容辞的责任。

李昌平原来是湖北监利县棋盘乡的党委书记。作为基层党组织的一把手，曾经把真实情况归纳成文出版了《我向总理说实话》《我向百姓说实话》等引起社会轰动的三农著作；他2000年离开了政府体制，2001年在中央确立三农问题重中之重的时候从全面市场化+外向型的南方来到北京，找到我主持工作的"中国经济体制改革杂志社"求职，恰逢杂志社创办《中国改革—农村版》，遂安排他担任副主编，也参与接待农村读者的来信来访。两年之后，我建议他增加些国际经验，推荐他去了"香港乐施会"。虽然离开"农村版"，但他一直坚持做与三农发展相关的工作。

2011年，李昌平等人创建乡建院，整合了多种专业背景的人才投身于乡村建设事业，这是把乡村建设的社会公益事业变成一种社会企业。实行公司化运作的社会企业是一种尝试，逐步得到强调市场化意识形态的官方部门的认可。我认为，乡建前辈中清末的张謇和民国的卢作孚都是中国早期社会企业家的杰出代表。我近年来也希望各地乡建工作者把市场作为手段，把资本作为工具，向社会企业转型。乡建院从一开始就承诺不以营利为第一目标，我认为可以定位乡建院为社会企业。

李昌平说，乡建院要为乡村建设提供高质量的产品和服务，以"四两拨千斤"之法破解乡村建设"千金拨不动四两"之困境，在市场上求发展。我觉得，这个探索的目标围绕的还是"提高农民组织化程度"，这目标跟其他乡建单位一致；但模式则与众不同。

在做法上，很多单位是先去发展乡村文化凝聚人心，再发起综合性的合作社提高组织约束机制，然后才可以搞合作社内部的资金互助。而他是直接以村社内部资金合作——内置金融为切入，在实现"三起来"（村民组织起来、资源资产资金集约经营起来、产权实现和交易起来）的基础上，再提供包括规划设计、施工监理、体制机制再造、农民培训及营运支持等在内的"组织乡村、建设乡村、经营乡村"的系统性解决方案，并协作或陪伴农民及其共同体主导实施的"社区营造"模式。

我看，只要是在坚持村社土地财产权益归全体成员的集体所有制和充分结合双层经营体制的前提下，通过协作农民自主形成"新型集体经济"，就可以走出以村庄层面的"三位一体"合作为基础的综合发展与自治之路。

乡建院的理念和方法也大体上与百年乡建历史传承的进步文化有

所呼应。

例如，乡建院要求员工要有延安人的信仰和作风，以"助人互助、互助助人"为基本的协作理念，始终把村民及其共同体的主体性建设放在乡村建设的第一位。再如，他们以"三生共赢"（生产、生活、生态）为乡村建设最高原则，以探索"以较小增量投入在村社组织中置入合作金融体制机制"，这就突破了制约乡村治理的组织低效、金融无效、产权无效的三重瓶颈。总之，乡建院是以激活村庄巨大存量及内生动力的乡村振兴之法为根本服务宗旨。

2009年以来，乡建院在全国22个省市区的协作地方党委政府及村民做了200多个新农村示范村。信阳市的郝堂村、江夏区的小朱湾村、鄂州市的张远村、岢岚县的宋家沟村、微山湖的杨村等就是其中的代表作。这些示范村比较客观地诠释了"产业兴旺、生态宜居、乡风文明、治理有效、生活富裕"这20字方针的丰富内涵，符合中国乡村振兴战略实施的前进方向，也因此成为地方党委政府深化农村改革及振兴乡村的在地化参谋和助手。

然而，乡建院的探索意义不止于此。

从2018年开始，中国改革开放的国际环境已经发生了根本性变化，"中美贸易战"倒逼中国经济必须由外向为主的依附性型经济，转向内需拉动的自主型经济。在中国产业化的经济发展模式向生态化转型时期，乡建院以村社内置金融为切入点的"三起来"——村民再组织起来、资源资产资金集约经营起来、让产权充分实现和交易起来，突破了长期制约农村发展的三重瓶颈——组织低效、金融无效、产权无效。以组织创新和金融创新支撑产权制度创新，既打通了农民由追求农产品数量增长效益转向追求农产品价值和价格增长效益的瓶颈，又打通了农民由追求生产性收入增长转向追求财产性收益增长的瓶颈，更重要的是为激活农村数百万亿的资源、资产找到了"中国特色"之法——在坚持土地集体所有制的前提下，从根本上突破了市场配置农村土地等资源资产的体制机制障碍，为农村数百万亿潜在价值的土地、森林、山地、草原、河湖等资源探索资产货币化、市场化，从农村基层试验中找到了生态资源价值化的实现方式。

从一定意义上讲，乡建院的乡村建设实践，开辟了中国农民收入再上新台阶的新空间，开辟了中国农民"死资产、死资源"变"活钱、活资本"的新途径，为扩大内需激活了动力源泉，为内需拉动中国经济增长找到了实现路径；只要认真地发动和依靠广大群众拓展城乡融合、要素流动的空间，就可能为中国经济再维持稳定增长40年开辟广阔的空间。

从一定意义上讲，对乡建院的村级案例讲述的各地实践作经验归纳和理论提升，也从另一个侧面佐证了"十九大"提出的"乡村振兴"战略的高瞻远瞩。

近代中国的现代化进程中，对内追求工业化、城市化，对外追求全球化确实是主流。但其实质都是资本扩张；随之必然是资本占用资源，通过推进资源资本化占有收益，遂有失去资源的乡村群体从土地革命派生的小有产者演化为"被无产者"。由此，社会上本来属于"人民内部矛盾"的各种利益纠葛，也随这种属性变化而演变为对抗性冲突……

但无论日月星辰如何更替，乡村建设都不乏坚守者。在很多被西方殖民化知识洗过脑的人看来，唯有城市化、全球化才是中国现代化的正道，在他们看来，唯有消灭农村才能有现代化，甚至据此批评乡村建设于中国现代化而言并无积极意义。然而，自2005年新农村建设、2017年乡村振兴作为两届领导集体的国家战略相继提出以来，尤

其在2008年面对全球化挑战、2018年面对"贸易战"为名的"新冷战"等重大教训接踵而至之际，乡村建设于中国向生态文明为内涵的现代化转型而言，意义特别重大。

有鉴于此，我们长期深入乡村基层做乡建工作的同仁们，尤其要刻意秉持"克己复礼"方可"家国天下"之传统，从大局出发把"乡村振兴"作为练好内功应对危机的国家战略！何况，此前全国各地的与三农有关的创业创新方兴未艾，多种多样的经验层出不穷，正好赶上国家出台了"乡村振兴"大战略这个难得的历史机遇，吾辈更应该及时把各地乡建经验的归纳总结提升到符合国家的重大战略调整要求的高度上。

总之，乡建院这两百多个村的案例所表达的不仅仅是如何做好乡村工作，而是为了国家应对危机而练好内功，具有"夯实基础"的重要战略意义。对此，我作为长期从事调查研究的老人也确实有话说。遂为之序。

乡建老人

2018年12月15日起草于四川郫都区战旗村
12月20日修改于陕西礼泉县袁家村
12月22日再改于山西上党区振兴村
2019年4月3日完稿于福建闽侯县归农书院

建设未来村
共创新生活

一

我于2000年离开体制内后，较长时间跟随温铁军先生做乡村建设"志愿者"。于2011年，和孙君等人创建了"中国乡村规划设计院"（后更名为"乡建院"），开创了中国乡村建设专业化、职业化的道路——为乡村建设提供系统性解决方案、并协作落地实施。

由于乡建院人手有限，满足不了市场需求。于2016年年初，在信阳郝堂村设立"郝堂乡村复兴讲坛"，固定每月27—28日以案例讲习的方式为乡村建设培训实操性人才。

党的十九大做出了振兴乡村的重大战略部署，习近平总书记要求五级书记要亲自抓乡村振兴工作。

乡建院生逢其时!

到2019年5月为止，乡建院为全国22个省市区的76个县的281个村庄提供了乡村建设与综合发展服务，习总书记到过的岢岚县宋家沟村，还有信阳郝堂村、江夏小朱湾、鄂州张远村、微山湖杨村等一批著名

的示范村就是其中的代表。"乡村振兴有个乡建院"顺势口口相传，不推自广。

　　乡建院协作政府、基层组织、企业等打造了两百多个乡村建设与综合发展的案例，有成功的也有不成功的。做的案例越多，越觉得做好一个村庄或一个小镇或一个综合体不容易，敬畏之心也越来越强。在全国各地已经形成乡村振兴高歌猛进之势时，乡建院顾问老师陈小君教授（广东外语外贸大学土地法制研究中心创始人）再三督促乡建院出版《新时代中国乡村振兴指南丛书》，为轰轰烈烈的乡村振兴运动做抛砖引玉之用。《新时代中国乡村振兴指南丛书》的作者主要是乡建院的员工和一直陪伴乡建院成长的顾问老师，内容基本上都是基于乡建院所协作过的案例的总结。不同的作者，视角不一样，侧重点也不一样，以便于不同的读者各取所需，各有所得。

二

　　党的"十六大"提出新农村建设，"十八大"提出新型城镇化，"十九大"做出乡村振兴战略决策，这是"一脉相承"的！近十年的时间，我与乡建院人一直在乡村建设的第一线摸爬滚打，从志愿者到职业乡建人。有两个现象越来越受到关注：一个是"千金拨不动四两"，另一个是"四两拨千斤"。我们把"乡村规划设计院"更名为"乡建院"，是因为实践教育我们，服务于乡村振兴仅仅有规划设计服务是远远不够的。后来又慢慢明白，即使提供系统性解决方案和陪伴式落地服务，依然做不到"四两拨千斤"、依然可能"千金拨不动四两"——投入巨大的增量，迅速变成了新的存量。大量的实践，让我们越来越清晰地认识到，乡村振兴还有一系列重大问题有待解决，只有在一系列重大问题上获得共识之后，才能解乡村振兴"千金拨不动四两"之困。

第一，为什么要振兴乡村？为谁振兴乡村？在这两个问题上达成共识，是正确实施乡村振兴战略的前提。但显然没有达成共识。

第二，乡村振兴的主要力量是谁？实施乡村振兴战略的主要抓手是谁？明确乡村振兴的主要力量和实施乡村振兴战略的主要抓手，应该是当下实施乡村振兴战略的头等大事。

第三，如何选择乡村振兴的最佳实现路径？是以"产业振兴、人才振兴、文化振兴、生态振兴、组织振兴"实现乡村振兴吗？可能还需要再追问一下，如何实现五个振兴呢？五个振兴之间的关系是什么？回答不清，怎么可能找到乡村振兴的最佳实现路径，乡村振兴走弯路就是必然的。

第四，什么是科学的乡村振兴方式方法？在既有的乡村振兴实践中，本来没有推广价值的领导工程，被专家们总结出很多"经验"，树立为"样板"，如络绎不绝的干部参观学习成为其振兴的唯一证明，这样的"样板"永远学不了，学了也白学。乡村振兴是复杂的系统工程，一定要讲方法——思维方法、决策方法、执行方法、总结和推广方法。乡村振兴必须要有科学的方式方法。方式方法不对，好事会做成坏事。这也是当务之急！

第五，如何保证乡村振兴的可持续性？在乡村振兴的既有实践中，乡村振兴几乎等同于"基础设施建设+乡村旅游+房地产"。如何实现乡村振兴可持续呢？

上述五个重大问题，都还没有真正破题，乡村振兴或许还没有"到达遵义"。

三

我国有数百万个自然村，五十多万个行政村。可以肯定，随着时间的推移，很多村庄会自然消亡。我曾推断，这类的村庄大约占60%左右；真正未来的村庄，可能只有30%左右；10%的城市郊区村庄，会淹没在城市之中。

乡村振兴，重点是建设和振兴30%有未来的村庄——未来村。然而，大量没有未来的村庄或许正在大规模的建设中；大量有未来的村庄，或许也不是按照未来村的要求在建设。

乡村振兴，必须叫响我们乡建院的一句口号：建设未来村，共创新生活。

10%左右的城郊村庄，会成为城市的一部分，重点要研究的是如何让村民抱团进城；60%左右的村庄，会空心化，会逐步消亡，重点要研究的是如何再造农业生产经营主体，如何建立原有村民或社员或成员权"有偿退出机制"；只有30%左右的村庄，人口不减反增，是未来村，是农村和城市居民都喜欢的地方，是新生活的地方，这30%左右的村庄才是乡村振兴的重点。

建设未来村，共创新生活。必须以此作为乡村振兴的着力点和牛鼻子。

什么是未来村？

未来村一定是智慧的、四生共赢的、四权统一的、三位一体的、平等互助的、共享共富的、民主自治的、食物本地化的、食物自主化的、开放的、基本公共服务及基础设施完备的、业态多元共荣的、有文化传承的……可持续发展的、五百年后都存在的理想家园，这个理想家园一定是一个共同体家园。

未来村是谁的？

未来村，既是原住民的、又是新村民的；既是农村居民的、也是城市居民的；既是常住民的、也是暂住者的。

未来村的垃圾是怎么处理的？应该是100%的资源化。

未来村的环境治理模式是怎样的？应该是共同体区域内小闭环治理模式。

……

未来村的产权制度是什么样子的？应该是多个村集体共有产权下的"多权分置、混合共享"产权模式。

未来村的治理结构是什么样的？应该是"四权统一"，即"产权、财权、事权和治权"统一的共同体，一定的产权和财权支撑一定的事权和治权。应该在共同体内实行一元主导下的多元共治制度

……

未来村有多种形式。或许有未来村·原乡、未来村·归园、未来村·邻里街坊、未来村·自然之城……或许有以养老为主的未来村、或许有以教育为主的未来村、或许有以休闲为主的未来村、或许有以一二三产业融合发展为主的未来村、或许有以科研为主的未来村、或许有以企业总部为主的未来村……

未来村生产生活方式是什么样子的？

未来村的房屋是什么样子的？

未来村的厕所是什么样子的？

未来村家家户户还有厨房吗？

……

未来村该如何建设？

应该为未来村建设供给什么样的制度？

如何将多个村庄的建设用地整合到一个村庄或几个村庄共同建设未来村？

如何让城市居民或国内外自然人、企业等自由进入未来村生活和发展？

如何自由退出未来村？

……

假如地球某一天突然变暖了，中国最理想的未来村在哪里？是什么样子的？

……

乡村振兴战略规划到了2050年，绝对不是权宜之计。应该立足未来思考乡村振兴。当下建设的每一个乡村，都应该是有未来的；当下建设的每一个有未来的乡村，都应该真正是按照未来美好生活的需要而建设的！

"建设未来村、共创新生活"是乡建院的神圣使命，乡建院人的探索永不停止。首批出版的《新时代中国乡村振兴指南丛书》共5本，第二批《新时代中国乡村振兴指南丛书》正在准备之中，《新时代中国乡村振兴指南丛书》会一直出下去。

建设未来村，共创新生活。

乡建院一直在路上，希望一路有你！

2019年6月25日

于北京平谷同心公社乡村振兴文创营地

目录

室内及标识标志篇 ——

再造乡村社区空间
——乡村的共生主义

房木生

时光到了21世纪，中国经过近40年的高速城市化、城镇化发展，由一个传统的农耕文明国家蜕变为一个工业化和信息化快速发展的国度。这个世界，随着高速公路、高铁、飞机、网络的普及延伸，也在高速地走向全球化。城市、乡镇和乡村，已经和正在完成着一次巨大的蜕变。

乡村振兴，是全球化和城镇化背景中的重要一部分，是这个大潮中的一股逆流和反弹。在交通、通信等基础设施不断完善的背景之下，乡村与城市在经济和地理之间的"距离"在缩小。与城市的人工化环境、高密度社区、高节奏的生活及工作环境等状态相反，乡村存在与自然轻易接触、疏朗的空间、慢生活慢工作等优势，引发了人们的"乡愁"，乡村实际上可能成为人们获得更高品质生活的一种反转和补充。

同时，在同一个世界和同一个梦想之下，谁也不能阻挡乡村人民

对美好生活的向往。当代乡村日益增长的生活品质需求与落后的基础设施和空间品质之间，产生了急迫的待改变的矛盾。乡村内部需要产生更强的内生动力，以阻止正在走向的衰败趋势。

因此，再造乡村，重建社区，复兴邻里，升级产业，引入城乡共生机制，成为城市化背景下乡村振兴的路径选择。外需与内生，需要联合起来，达成一种共生。

在这里，我们旗帜鲜明地提出"乡村共生主义"：

乡村的共生，是内外的共生。既要从乡村之外，也要从乡村内部双方向的视角去共同关注乡村。既要从不同层面去激发乡村的内生动力，也要将乡村打开，从人才、乡贤、外部资金、外部需求等方面引进外力，内外合力，让乡村持续地得到振兴的动力。

乡村的共生，是基于乡村生活、生产和生态"三生"之共生。每个乡村是个完整的社区，都包含了生活、生产、生态方面的各类问题，这些问题需纳入一种共生的机制当中，让乡村健康地得到振兴。

乡村的共生，是人工与自然的共生。乡村作为与自然最接近的人类聚落，是人与自然相处之道的前沿边界。乡村与自然的关系，需要获得更多的人类智慧来处理，创造一种人与自然和谐共生的状态。

乡村的共生，是一种在时间轴上的共生。乡村在历史、当下以及未来中，遗留的、所处的和即将遭遇的馈赠和问题，都需要用一种广义上的遗产观念去面对，与时间结为朋友，共生而行。乡村是能够随着时间而变化、转化、适应和延续的。共生作为一种媒介，可以使乡村应时而变，在自然、文化、经济和政治背景中保持弹性的力量。

总之，在城市与乡村、人工与自然、传统与当代、内生动力与开放借力等之间建立一种连接，形成共生的机制，达到一种共生的风景，这是我们在乡村振兴大潮中提出的一种态度。

乡建院是一个志怀改变乡村的实践团队，通过组织乡村、建设乡村，最终经营乡村，达到振兴乡村的理想。乡建院在李昌平院长的领导下，通过组建内置金融合作社、规划设计服务、社区营造服务等方式，在实践中研究，在实践中摸索，为中国乡村振兴开辟了一种特色的模式，积累了丰富的一手经验，成为乡村振兴领域一笔可贵的财富。

本书展现的是乡建院各个工作室在不同时期、全国不同地方，关于乡村规划设计中的小部分成果和内容。笔者身为乡建院总工程师（总设计师），在把控及评论乡建院设计方案方面，曾经提出以下五条优秀设计的原则：

1. **实用的设计。** 在系统乡建指导下，针对乡村生产，生活和生态相关需求，做出明确而实用的设计成果。这种实用，包括对村民和外来人员。

2. **经济的设计。** 有效地针对问题，合理使用投入资金。

3. **坚固而美观的设计。** 建成作品保证坚固耐用美观，得到大众的认可。

4. **尊重地方传统又有创新的设计。** 深入挖掘当地文化传统，有创造性的解决方案。

5. **传播性广的设计。** 在故事挖掘、参与式设计机制建立、建造组织管理等方面有创新的设计，在大众传播方面有很多亮点的设计。

我们收入本书的设计案例作品，基本上是符合以上设计原则的。

乡建院接受的乡村规划设计服务，绝大部分是政府的采购委托。政府层面对风貌、民生以及产业结构等方面的关注，一定程度上决定了规划设计内容的走向。作为在中国乡建领域最具落地性的实践队伍，在近十年的时间里，乡建院团队基于在实践中的摸索，在设计

上几乎触及了中国乡村建设内容的各个层面。但以文字和图像呈现的，只能是极其微小的一部分。另外，因为设计师往往有意无意地注重专业的评价，因此，在书面及图片呈现过程中，涉及乡村设计中太多更为精彩的设计和服务工作给自我过滤掉了，这是很遗憾的事情。

但是，我们仍然在百忙之中，在这里呈现片段性和阶段性的内容，为了乡村社区再造，为了乡村振兴，为了城乡的共生理想。

理念篇

设计下乡过程中，什么样的服务内容才能解决村庄实际问题？
——以乡建院的实践探索为例

吴静　李昌平

"因地制宜确定设计下乡服务重点。以解决农村人居环境突出问题为主攻方向，结合地方实际和村庄需求，有重点确定设计下乡服务内容和对象。"2018年9月23日，为落实《中共中央国务院关于实施乡村振兴战略的意见》和《农村人居环境整治三年行动方案》等要求，住房和城乡建设部下发《住房城乡建设部通知要求开展引导和支持设计下乡工作》（以下简称《通知》），引导和支持设计下乡工作。

《通知》指出，此次设计下乡优先服务于建设活动较多、人居环境整治任务较重和风貌保护要求较高的村庄，探索建立全方位、全行业设计下乡组织形式，推行共谋共建共管共评共享的服务方式。可以看出，《通知》拓展了以往理解的乡村设计内涵，不仅包括工程、景观、产业等硬件设计，还包括乡村组织模式、运行体制及机制等软件设计。

乡建院自2011年涉足乡村建设以来，秉承系统乡建理念，深耕中国乡村的实际情况，直面乡村建设过程中存在的核心问题，提出"内置金融、规划设计、社区营造、人才培训"的系统解决方案，点面结合、软硬设计相配套，真正激活乡村内生动力，通过在全国150多个村庄的实践，探索出以解决村庄实际现存问题为目标的设计模式。

一、风貌提升外，人居环境的"微改造"与"巧更新"

城乡统筹发展趋势下，风貌改造是近年来乡村振兴的重中之重。但由于村庄规划设计资金和时间都有限，在整村风貌提升时，常根据现场情况分为三种策略：一类是针对建筑质量较好、近十几年新建的砖混结构民居，采取"穿靴戴帽"策略，将村庄传统建筑因子提炼抽取，用作装饰，使整村风貌统一，呈现地域特点；二类是保留老建筑的历史价值、用新设计手法和理念对空间再改造的策略；三类则是建筑质量较差，年代久远，留存价值不高或修复成本太大，需要整村易地搬迁，建设新村时充分挖掘当地文化因子，将其呈现在整体规划设计中。如乡建院岢岚村宋家沟村项目，在风貌上保留原有村庄格局和特质，采用当地村庄传统建筑元素、建造手法、结构，根据村庄内不同建筑特点和需求量身定制（图1）。

岢岚县宋家沟村作为易地搬迁扶贫的"样板间"先行先试，规定三个月期限内快速完成任务，以为其他安置点的特色风貌建设提供经验，便于更有序、更经济、更高效、更准确地推进（图2~图5）。乡建院在接到明确设计施工任务后，经过商议，将"原址原貌"作为宋家沟项目的重要方法，在整村风貌改造中，运用三种策略：①保留原来建筑风貌尺度和院落格局的"原址原貌的新建"，比如丁某全家房屋及周边，把握施工尺度，使其呈现效果恰到好处；②"原址原貌的修复"，如村史馆，保留全部建筑框架，推倒墙体进行新建，这种建造方式陆续在山西岱县项目得到了推广应用；③"移址原貌的重建"，如宋

图1　宋家沟村标

1. 门头
2. 山墙
3. 民房
4. 院落

图2　宋家沟改造之前风貌

图3　宋家沟改造后面貌

图4　宋家沟改造之后的民宅院落

图5 宋家沟改造之后的街道景观

家沟村中的田某女家房屋，现状房屋院落特点清晰、情况较好，只需将柱子、门窗编号，整体迁移新区位置。

以宋家沟易地搬迁、风貌改造为切入点，目前乡建院已在山西省岢岚县完成约50余村庄风貌提升，任何规划设计都是为解决实际问题为出发点的，策略得当、精准发力，保证项目切实落地。

但囿于经费、地理位置、政府扶持力度等多种因素，易地搬迁、整村风貌改善模式并不适用于所有乡村，针对村庄本身存在松散、凌乱、原有公共空间荒弃等小特点，乡建院采取更轻巧的"微改造"和"巧更新"策略，解决乡村建设中的点状问题。

"微改造"是指在充分调研考察的基础上，借助设计手法，对村内原有废弃、拆卸的空间或物件进行巧妙改造，使其具备再利用的可能。如淄博东庄村，设计团队在改造民宿过程中，发现院落上方有私用厕所，废弃后被垃圾堆砌，糟蹋了几棵泡桐和一棵国槐的树荫，而此处恰在道路三岔口，设计团队便将它改建成可以环顾的小型休憩平

图6 东庄村废弃厕所改成的露台

图7 巧改成景观的"平安门"

台（图6）；此外，乡村道路高低起伏，面对直冲下来的道路，团队设计了一堵L形的石墙作势护挡，将村庄拆卸的木门安放在石墙中，挂上附近捡到的一个具有历史意义的"平安红旗家庭"标牌，命名为"平安门"（图7）。在不同村庄里置入的微改造景观很多，传达乡建院最朴素美好的愿望。

"巧更新"是指借助村庄原有废弃空间，因地制宜，借助设计手法令其重新活化，变废为宝地继续为村庄服务。如山西涧西村项目，历史上曾供应整村用水的天雨湖在自来水入户之后荒废，长出杨树林。设计团队顺势把它做成下沉广场，避免大量填方的同时保留了麻荒中树木植被，将老年人健身、儿童游乐的设施置于林下，使废弃多年的天雨湖重新成为村庄的公共空间（图8）。漂浮和缝隙的策略让雨水仍然自由渗透；零废弃的策略尊重曾经承载村民生活的一砖一瓦，把本已准备废弃的建筑垃圾保留下来变为满足形式和功能要求的优良建材，化为小岛和路径守护村庄。

图8　涧西村将麻荒改成的下沉广场

二、模块化设计，做最有用的可复制公共空间

公共空间作为乡村的最重要组成部分，不仅是村民日常生产、生活场所，也承载村落精神信仰、公共活动、集体节庆。近几年来，随着国家政策扶持、乡村经济发展以及人口构成变化，不少乡村旅游规划过程中简单地、主观地建设所谓的乡村公共空间，对其空间的误读和建设性破坏愈演愈烈，造成村庄精力与财力的双重消耗。

乡村里公共空间到底要承载什么样的功能？服务什么样的人群？这是乡建院在介入乡村规划时，首先会提出的实际问题。面对中国大部分村庄呈现的空心化、老龄化、集体凝聚力减弱、青少年教育空间匮乏、城乡互动频繁等现状，应该规划什么样的公共空间给予回应和解决？这些空间是否可推广、复制性，成为模块化产品？一系列问题是乡建院近几年持续实践探索的重心。

（一）模块：唤醒乡村文化精神的"共生乡影舞台"

"共生乡影舞台"是乡建院自2016年起，陆续为各个村庄设计的模块化产品，旨在为每一座村庄设计建造具有仪式感的公共空间，举办大型文化娱乐活动的功能，满足村庄老人、妇女集体观影、看演出的需要，成为村庄静态和活态的文化地标（图9、图10）。借助舞台空间

图9　山东淄博土峪村"共生乡影"舞台

山东淄博土峪村，形态上借助当地"砖包石"的建筑做法，与村内教堂及民居等形态和谐融合。同时，利用舞台高差设置了公共厕所和配套休息更衣间。

图10　山东淄博山头村"共生乡影"舞台

山东淄博山头村，背靠凤凰山，对其元素进行创意提炼时，取意"山"字形和凤凰展翅起飞的形象，将舞台顶设计为两边双翼飞起的样子，采取全木结构搭建。

形式，重新唤醒乡村节日狂欢、文娱教化的精神，唤醒乡土感动、文化自信和来自人间大地的艺术生命力。

舞台，作为公共建筑体，敦促设计师深挖掘当地文化因子，将其集中呈现在大体量舞台上，与原有古迹遗珍并存，共同书写村庄流动着的建筑样态史；作为乡村公共演出空间，更是邀约村民同看一部戏、共跳一支舞、将共同经历和文化艺术集中展示的空间，对传播和弘扬当地文化有助推作用，对乡村非物质文化遗产的活化传承、对城乡文化互动的开展等方面，有不可限量的作用。目前已建成、在建的舞台遍布河南、山东等数十村庄。

（二）模块：低成本建造的儿童成长空间"青草乐园"

据相关统计数字，目前我国农村留守儿童接近2000万人，如火如荼的乡村建设大潮并未惠及偏远落后地区的农村儿童。在此背景下，乡建院"青草乐园"项目于2016年发起。"青草乐园"致力于在乡村建设低成本、低技术、可推广、具有适应性和参与性的儿童成长活动空间，寻找在地废弃物品材料，结合自然环境教育特点，发动村民、社工共同建造，将儿童活动与环境教育相结合，将乐园建设与社区关系重构相结合，共建出生态、趣味、实用、可持续的成长活动公共空间。目前，"青草乐园"项目已在贵州桐梓中关村、河南清丰沙格寨村落地。

首个"青草乐园"项目位于贵州桐梓中关村，于2016年启动并完工。该项目利用乡村建设中无法达到建设标准规格的尾料、废料、拆卸旧物等材质，以人使用的尺度衡量，以缝缝补补的方式拼出兼具活趣、再生、循环、共建的功能空间（图11）。方案之初留有空白，为当地居民共同参与留下空间，使村庄与场地保持天然联系；此外，为了更能以集中可见方式展示节约、循环、再利用的设计理念，在乐园中特别设计出资源回收中心（图12）。以红砖作为基础，方钢为骨架，表皮采用了工地常见的竹跳板，建筑内收集玻璃、金属、纸张等常见材料，儿童穿过建筑时能通过材质系统了解资源回收再利用的做法及其对乡村环境改善的意义（图13）。

图11　桐梓中关村"青草乐园"使用的废弃建材

图12　桐梓中关村青草乐园
大刀阔斧的建设，留下了很多废料、工程尾料堆积在场地中，多数材料"留之无用，弃之可惜"，最终堆砌在角落，修旧起废，令其重新焕发活力。

图13　村民共同搭建出与村庄天然联系的场地，体现节约、循环、再利用设计理念的同时，真正惠宜村庄儿童成长教育。

（三）模块：构建城乡社群共同体的"低技术建造营"

在现代化进程中，城市建设惯于用高科技手段、高效率、标准化完成现代生活所需的基础设施，工程虽然快速有效，却也破坏了人们在建造过程中的社群联系，遗忘了传统乡土的建造过程——每个人都能利用自己的技能和专长建设村庄，通过集体建造的方式链接城乡、构建社群文化共同体。在此背景下，低技术建造营于2017年在河北狼牙山启动，将建造乡村公共空间的建筑体，由目的转化为媒介，借助建筑史上成熟技术模块或当地低技术材料，保持城乡充分链接互动（图14~图17）。

2016年，狼牙山东西水村李家后院里，历时3周，建造了一个直径8.4米的网格穹顶（图18）。除基础部分是由当地工匠协助完成外，穹顶的主体部分由29个来自各行各业建造零基础的营员完成，此次低技术载体是富勒（Buckminster Fuller）获得专利的"网格穹顶"。该穹顶体现富勒"Dymaxion"（Dynamic动态，Maximum最大化、Tension张力三个单词组合而成）——"最小投入换取最大产出"的设计理念，与美国第二次世界大战后年轻人推崇的理性未来主义、可持续发展和环保主义、廉价方便建造乌托邦家园等不谋而合。

图14　河北狼牙山低技术建造营建造过程一

图15　河北狼牙山低技术建造营建造过程二

图16　河北狼牙山低技术建造营建造过程组图

图17 狼牙山穹顶技术建造营搭建过程　　　　　图18 穹顶内部空间

　　乡建院设计团队巧妙地将富勒"网格穹顶"移至乡村，因地制宜地将村庄技艺纯熟的工匠、来自不同领域想返乡体验的城市居民、怀抱自由环保乌托邦理想的年轻人三种不同群体链接在一起，以"建造"为名构建出社群共同体，在成熟技术模块基础上，共同反哺乡村个性空间建设。其中既有成熟模块的运用，也有渴望在搭建过程中，破除阶层隔阂、构建共同体的社会理想。除了狼牙山，低技术建造营秉承"低技术与高效率协同作用，构建社会共同体"的理念，在河北狼牙山、浙江余姚等地，均根据在地低技术可行性，搭建出别具地方特色的穹顶、树屋、竹桥等。

三、"社计"新定义，社区营造与规划设计的互补共建

　　与传统意义上理解的"规划设计师"不完全相同，乡建院近两年尝试组建跨领域、专业的复合型团队，应对中国乡村复杂巨系统的多需求，如将规划设计团队的设计师与社区营造的社工编排成组，共同面对村庄不同议题，避免乡土大地出现外观造型美轮美奂而实际并未惠宜任何人的建筑体。

　　在乡村"社计"新定义实施进程中，乡建院大体采取两种策略：

其一，在规划设计之初，充分考虑到乡村环境治理、垃圾分类、环保教育等重要社区治理议题，将该议题的解决方案直接呈现在景观、道路、公园的设计方案里，使硬体景观落成的同时，也衍生出社区环境教育的功能。如重庆巴山坪上村（图19），该村背靠大巴山、面朝巴山湖的移民新村，村庄沿道路呈线形建在山腰，小聚居大分散布局，公共空间匮乏，旅游旺季时存在游客停车难、垃圾治理难等问题。乡建院进驻后，探索村庄与旅游的关系，遵循"环境教育与垃圾治理小闭环结合设计"的原则，根据村庄聚居点距离巴山湖湖面百米高差，将村庄小学改造与滨湖游线上一系列公共空间结合起来，让校园的环境教育课程可在滨湖的公共空间展开，激发村民与游客共同维护沿途环境的主体性，形成可以"共享共治"的乡村公共环境；同时，根据社区营造团队制定的垃圾分类方法和培训动线增设公共空间

图19　坪上村改造后靠山坡体空间

的景观节点，在下湖主路、村民广场等位置规划建造出垃圾分类回收和雨水搜集花园等主题为主的环境教育景观空间，有助于社区营造团队开展活动，引导游客欣赏乡村如画风景时参与到湖区小闭环垃圾治理中（图20~图22）。

图20　坪上村改造后孩子在靠山坡体空间玩耍

图21　坪上村垃圾分类景观和社区营造活动

其二，策略是在政府、村两委、村民需求基础上，规划设计完成硬体公共空间后，派驻社区营造社工驻村陪伴式服务，充分挖掘村庄在地的人、文、地、景、产元素，将其空间激活，同时深耕当地文化感召力，将村民组织发动起来，培养自组织、自管理、自经营的社区治理能力。如贵州桐梓中关村的村民活动中心，先硬体规划设计服务村庄老人、妇女、儿童的村民活动中心，随后派驻社工驻地陪伴式引导（图23~图25）。

乡建院规划设计团队于2016年介入设计过程，设计思路打破"修旧如旧"，将原有木板墙改为玻璃落地窗，引自然风景入室内；强化新

图22　坪上村讲解堆肥知识

图23　贵州桐梓中关村村民活动中心改造后

图24　墨仓空间社工活动

图25　社区营造团队驻地陪伴式服务，激活空间，激发村庄内生动力

旧两种木料颜色、新瓦旧瓦的对比，同时采用钢结构将新旧建筑两部体块互相穿插，扩建出供村民使用的多重空间。

但由于村庄内生动力不足、囿于原有组织结构的固化，该空间建成后未被充分使用。2017年6月，乡建院社区营造团队进驻该村，引入台湾成熟经验，结合大陆乡土实际情况，深度挖掘中关村既存文化因子书法、惜字研心等，从乡村教育、文化、旅游三种纬度经营，将其打造成茶室、图书室、绘画室、书法间、手工坊等综合乡村文艺公共活动空间，策划组织城乡夏令营、书法演习所、绘画音乐手工课程、知识培训、自然教育等系列活动课程，最终以"惜字中关，墨耕乡野"为理念，将该村民活动中心命名为"墨仓空间"。原有建筑体被注入二次生命力，真正激活村庄公共空间的同时，也使当地文化因素得以传承，成为不可复制的旅游景点。

四、以村民为主体，共议共建共营共享的系统设计过程

与高姿态介入乡村规划指导不同，乡建院始终坚信村庄是村民的村庄，任何设计都必须以村民为主体，以解决村庄实际问题、满足村民真实需求、激活乡村内生动力为出发点，设计团队以协作者身份进入村庄时，抱持低姿态、多维度、与村民共议共建共享共营的宗旨，进行系统性规划设计。因此，经过全国百余村庄、数十年实践后，乡建院提出以内置金融为切入点先将村庄组织起来，并在组织过程中发现村庄实际存在问题，秉承"村民为主体，设计团队是协作者"的理念，从硬体规划到产业运营，邀请村民全程参与进行整体建筑、景观、道路等规划；同时，邀请社工介入组织、设计村庄的全过程，与村民共同完成环境治理、垃圾分类、空间利用、农产品改良销售、乡村美学品牌孵化等项目，在全程陪伴和协作过程中，让村民真正有村

庄建设、经营的主体意识，其经典项目包括信阳郝堂村、岢岚县宋家沟村等。

中国乡村是个复杂的巨系统，社会结构、审美趣味、基层组织力量、村民思维意识在数十年变革中呈现出矛盾、纠缠，对撞里折射着诸多社会问题。"设计下乡"是对复杂巨系统的梳理、修复和激活的过程，从而追求"人与人、人与建筑、建筑与自然"的和谐；此外，多种专业人才组成的有机团队协作"村民主体"的真实表达，是播种、耕耘、收获、交换周而复始的过程，所有设计都是为了让乡村生活更美好。因此，规划设计团队在"设计下乡"指导下，需以低视角、协作者身份进入，在综合考虑乡村实际问题的前提下，进行软硬件相结合的整体规划设计，按照组织乡村、建设乡村、经营乡村的步骤，最终真正运用设计的手段实现建设三生共赢智慧乡村的目标。

作者简介：吴静，乡建院品牌部经理。

李昌平，乡建院院长、中国体改研究会研究员、广东外语外贸大学云山杰出学者、中南财经政法大学兼职教授、珠海市政府农业顾问。

特别感谢：房木生、孙久强、傅英斌、彭涛、赵金祥、施盈竹、吴江等提供相关资料。

乡村振兴中的全过程设计

——以淄博东庄村改造为例

房木生

在日渐消亡和凋敝的中国乡村中，关注乡村振兴，也即关注乡村中的"人丁兴旺"：

如何让留守乡村的人们有继续驻留的希望？

如何让离开乡土的人有返回的可能？

如何让远方的客人能到达这里，并可以驻留下来？

这样的问题，可能出现在每一个走向乡村、进入乡村的乡建人心中，并在实践过程中去寻找答案。

淄博东庄村，是乡建院2016年介入的一个鲁中山村，普通，无特别的自然资源，也无突出的人文遗产。2016年年初，天气还冷，设计团队第一次进村调研。跟大多数北方村落一样，"空心"现象严重，人少，多为妇女、老人，少见儿童和青壮年。而且因为人少，空房子就显得更多，有些院落长年无人居住，破败倒塌，生出了各种杂树。孤苦伶仃的老人，坚守着空旷杂乱的院落，犹如那时清冷的天气，寒气逼人（图1）。

设计师们深吸一口凉气，开始工作。相比如今很多建筑师通过某一两个爆款项目来吸引眼球的常规做法，在东庄村的乡村振兴设计中，我们尝试的是一种全过程式的咨询设计服务，从策划、选址、规划、建筑、景观、

图1　乡村中剩下的老人和妇女

室内、配饰、标识，到人员组织……与乡村生活生产有关的软件和硬件，都由我们从整体到局部，给出蓝图，慢慢实现。从2016年开始，以这样一种系统性的乡建服务，陪伴延续至今。

一、以房养老　内生动力

我们知道，在与自然结合最为接近的乡村中，从来就不缺美丽的房子。空心村，空的是人，然后才是房子的日渐荒芜，空出荒废的房子。就跟能源与发动机的关系一样，人与房子、村庄空间，是一个互动的过程。人就像一种能源，如果能激发这种能源的内生力量，让这些日渐减速的"发动机"焕发出崭新的面貌，形成持续的内生动力，这就是我们想要的乡村振兴发展模式。

在东庄，老人、老房的凄凉情景触目惊心，这一劣势能否转化为可利用的资源呢？在与年轻有为的村支书韩书记深入讨论后，"以房养老"这一新名词进入了大家的共识。

老龄化是这个时代亟待解决的问题，老有所依、老有所养已成为人们日常却也急迫的需求。东庄有很多闲置或半闲置的房产，如果与养老敬老联系起来，便打开了一扇大门：在村里的集体用地，盖起养老院，让独

居老人入住，相互照顾，而腾出来的闲置院落，则入股合作社，改造为精品民宿、度假小院等，以吸引外来人员。如此一来，闲置和正在消亡的房屋资产盘活了，经营所得也可反哺合作社并赡养老人。

比如东篱甲、乙、丙、丁庐四套院落的改造，部

图2　东庄养老院餐厅

分是有腾换出老人的院落而完成的。我们先后选了两个村内原有仓储用房，改造扩建为养老院。集中的套房空间，开阔的室外活动空间，有公共的村民餐厅，很适合原来就是邻居的老人们一起安度晚年（图2）。这样，快速建设完成后，村内十多位老人满意地住进了新的养老套间中。这不仅服务了本地的老人，还因配套设施的建设，增加了村内"房"的吸引力。整体规划更是将原本的劣势化为了新的动力，如东庄原来做过香椿产业，如今香椿树泛滥成灾，但利用层层跌落的山谷，"东庄椿跑"——在漫山的香椿树中慢跑的活动，却成了吸睛亮点；原本千篇一律的开阔田地，建成体验农场和观光花海后大受欢迎；蓄水池变成了钓鱼池和儿童憩乐场地，山上避难用的石围子和"武王寨"变为爬山登高体验去处……再加上乡村舞台、游客服务中心、餐厅、厕所、村标、公共景观等，外来的人们在这里可居可游。

总之，增加乡村的内生动力，应该是乡建中需永远铭记的一条法则。原来封闭的乡村，人的流失，就如快熄火的发动机，我们需要寻找各种能增加人气的机制，让乡村在开放的同时，找到了一条通往新生的路（图3）。

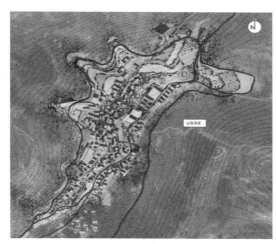

总平面图

① 平安门平台
② 游客服务中心点
③ 荷塘水池
④ 树屋节点
⑤ 三角地节点
⑥ 水塘节点
⑦ 景观桥
⑧ 韩涛家民宿
⑨ 韩吉军家民宿
⑩ 刘远中家民宿
⑪ 茶室
⑫ 儿童乐园
⑬ 村标
⑭ 公共卫生间
⑮ 停车场

图3 东庄规划总平面图

二、人本设计 房木共生

一直认为，设计，是要基于人本的角度创造性地解决我们生活、生产中出现的问题，乡村设计，也一样。在乡村建设中，不仅考虑乡村原住民的生活、生产、生态问题，也要考虑可能到乡村里来的人们的行为及喜好。乡村独有的人情社会、自然环境，更应该让建筑、景观、自然由人的行为串联起来，达到人景共生的状态。

在设计中体现人的因素，首先便是在开放性上做文章。中国的大部分乡村还沿袭着旧日的模样，因生活、生产简单，村内道路与各户院落往往是树状结构，很多住户在道路的尽端，比较封闭。即便有公共空间，也多是在某些道路节点自然出现的，少有特意的设置。因此，在设计中，需将社区的树状格局打破，增加桥梁、台阶等交通设施，让更多的公共空间在网状的交通格局中呈现，丰富公共景观的体验（图4、图5）。

图4　东庄村手绘图

图5　东庄村俯视图

　　如，相邻的东篱乙庐与丙庐，两个院落原来完全独立，各在一条路的尽端。丙庐院落的前面是悬崖，设计师为了连接起这种断裂，在原来悬崖的地方搭建了一座钢木结构的桥梁。桥梁的设计方案是建筑师在开往淄博的高铁上，突发奇想随手勾勒的。只设了两个桥基，以减少悬崖土地的开挖，桥基发散出斜撑的钢柱，与桥面两端抓住地面形成稳定的结构。桥面和栏杆用钢管和木板拼构出一种起伏连绵的形象（图6）。桥的轻盈出挑与国槐树树冠、花草等结合，使人与花木有了亲密接触，从而体验到不一样的风景（图7）。

　　而这种开放性不能排斥"私密"。相反，在公共空间开放的同时，

图6　钢木结构的桥梁

图7　桥与树、花草结合

保留院落的私密性是更考验设计师匠心的问题。东庄是个山村，设计师通过山村特有的高低错落巧妙地解决了这一问题。桥梁南边，公共道路经过乙庐外边，空间狭窄，只能贴着通过。因此设计师特意在乙庐院落的外边设计了一个抬高的平台，让公共道路下沉。行人即使必须紧贴着院落经过，也不会干扰乙庐院内的平静生活（图8）。而抬高几步的平台，挑出于几棵香椿树外，让人坐于其上视野更好。同时，也使乙庐院落的围合性得到了加强，可谓一举多得。平台的建造用了当地的石材和红砖，适当加入一点花纹设计，还起到了标志性的作用（图9）。

人本设计不得不提的一点，便是"适度"。在乡村，花钱和拿钱都不容易。设计费、工程款、整个团队的服务费用，到底从哪里来？换句话来说：在乡村，如何花好有限的资金，四两拨千斤地让乡村真正能振兴起来？这是乡村设计师身上背负的一种无形压力。相比有些建筑师在其乡建作品中寻求实验性，苛求品质和美轮美奂，我们在控制设计是否过度，寻求一种"合适度"，有时甚至不去追求"完成度"。乡村建造的经济性、有效性是人本设计的基础，过了这一关才算是真正为乡村做了实事。

例如，东篱乙庐（韩韬院）在改造前，已是一片废墟，屋顶破败，屋内长出了树木。设计师经过实地测绘，精心设计，在保留房屋原来

图8　乙庐抬高的平台使院落平静不受干扰

图9　平台采用当地的石材和红砖

的墙体基础上，只是抬升了前墙600mm，增加了一层阁楼，就将原来小三间的主房改造为"三室两厅一卫"的套房，在空间上极大地节省了用地及容积（图10）。在材料上也只是用了红砖、红瓦、木材等普通材料，与村内建筑完全融合。添加的那一层阁楼，开了天窗、圆窗和"坐卧方窗"三种不同形态的窗子，观景感受极为丰富（图11）。其中"坐卧方窗"设计有两个高低不等的方形窗户，原本设计为钢框挑出的凸窗形态，以达到室内坐和卧各有一窗呼应（图12）。但因为钢结构又多出一道工序会增加成本，施工队自作主张只做了平窗。虽然效果大打折扣，有些遗憾，但我们以村人的承受能力为第一位，是不可撼动的。

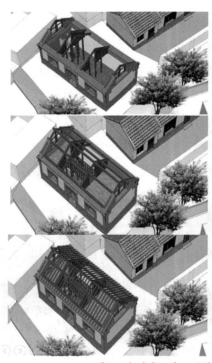

图10 把北方一室一厅的小房子，改建为三室两厅的民宿

图11 阁楼的"坐卧方窗"

图12 从室外看"坐卧方窗"

三、创造故事 全程陪伴

我们对于东庄的设计是一种全过程的陪伴,并非像很多乡建工程那样,建筑师驻村两三个月,修几座漂亮房子,便扬长而去。除了主体的养老公寓、民宿、青年旅社外,村中的配套设施也由我们一并设计。

村庄的上、中、下地段,我们分别在合适的地点,用当地的石头,以老一辈"砖包石"的砌筑做法,设计并建造了三个公共厕所。三个厕所有三种不同的形式,一个平顶,但有圆形的月亮门入口;一个半圆形,单坡屋顶,石砌的高窗;一个被设计为三个屋顶,入口挑出在荷塘边上。三个厕所都是在原有民居的造型和材料基础上设计出来的,融入环境,但却不藏去它们的个性和设计师赋予的匠心(图13~图15)。村中建筑网络状分布,外来人容易迷路。于是我们为村里设计了一系列的标志牌和合作社LOGO。让传统的乡村

图13 平顶厕所

社区，有了现代的功能，对接外面的世界。

此外，结合"以房养老"的主题，基于东庄的"东"字，设计师和村民们提出了"日出东方，孝美东庄"的口号。相应地在空间设计中，有了一系列的圆形母题：游客中心的圆形舞台，公共厕所的圆形拱门，东篱乙庐的阁楼圆窗，荷塘边上的圆形砖砌村标……呼应连绵的山体，框景自然，也预示着东庄将焕发出新的生机（图16、图17）。

实用的功能，是设计基本要达到的要求。然而不仅于此，设计师还需要不断挖掘场地独有的特性，寻找合适的角度，去感觉这片土地曾经发生的故事。有人说过，没有一个地方是毫无时光痕迹的。设计师要发现旧故事，也可以创造新故事。

图14　半圆形单坡屋顶厕所

图15　三个屋顶的厕所

图16　圆形拱门

图17　东庄游客服务中心室内设计及家具设计

　　乙庐院落后面上方，原有个私用厕所，废弃后被垃圾堆砌，白白糟蹋了几棵泡桐和一棵国槐的树荫。这里是道路的三岔口，设计师便将它改建成了一个可以环顾的小型休憩平台。面对上面直冲下来的道路，设计了一堵L形的石墙作势护挡。废弃的木门则安放在石墙中，挂上附近捡到的一个具有历史意义的"平安红旗家庭"标牌，命名为"平安门"（图18）。小小的景观，传达出我们朴实却也美好的愿望。

　　乡村中的传统习俗，因其直接地面对自然、欣赏自然，处理与自然的相处之道，自带魅力。如何让乡村的魅力最好地呈现，讲述好乡村的故事，贯穿于设计的始终。

　　进入村庄伊始，我们就开始策划建设一个可以烧明火的火塘。人类对火的记忆和喜爱，几乎是一种原始的本能。但随着电、气的普遍使用，城市人离明火越来越远。于是，我们在院落中的香椿树下，以方形的枕木及耐火砖铺底，砌筑起一个黄红色的圆形火塘。当熊熊的火焰生起，青烟萦绕，暖气漾开，似乎这团火在温暖这个已经开始冷落的山村（图19）。

　　燃烧的火塘，很像是东庄村重新振兴的一个信号。古树下，火

图18　废弃厕所改造的休憩平台和"平安门"

图19　烧明火的火塘1

图20　烧明火的火塘2

塘旁，曾经是废墟的房屋，如今
窗明几净，没有过多的矫揉造
作，自带一份朴素的明媚。而火
一点起来，人就想唱歌、跳舞、
喝酒、呼喊……体内最自然的天
性或野性好像都被燃起（图21）。
也许是不经意间的细微风景更能
吸引目光，而这一连串的小风

图21　烧明火的火塘3

景、小故事编制出一个乡村的新梦。对于建筑师、设计师来说，回到
基本的本性——设计的出发点，创作有共鸣、有认同的建筑与故事，
并让它一直流传下去，直到又一次归于尘土，是一种难得的幸福。

结语

　　东庄乡建至今已走过两年多了，在有限的时间内，我们推行的是
全过程的设计服务。设计内容没有红线，设计专业没有红线，设计范
围没有红线，或者说，这些红线由我们设计师自己来画出。这与在城
市里已经分工细致、红线清楚的设计服务完全不同。在乡村，我们作

为乡村振兴的服务陪伴者，完全把自己当作主人进行工作。因此，即使是服务期结束，我们还会不时地回到村里，看看这里的变化，指导新的建设。

我是从乡村走出来的，然后在城市求学、生活、工作。城市有其美好的一面，然而乡村的美好记忆，却也让我难以忘怀：森林里跑出的野猪、雨后冒出的蘑菇、屋前屋后生长的瓜菜……就如人类从自然中来，最后仍回归自然一样，乡村设计的工作让我不时地回到乡村中。私念里，作为设计师，我要通过设计带领更多的人，回到乡村，让一个个美丽的乡村，重新振兴起来。

乡村路，带我们回家。

项目信息

项目名称：淄博市淄川区西河镇东庄村整体改造工程

项目时间：2016年2月—2018年11月

整体设计：乡建院城乡共生工作室

业主：淄博市淄川区人民政府、淄川区西河镇人民政府、西河镇东庄村村委

主持设计师：房木生

执行设计经理：苏亚玲

设计团队：吴云、刘双、翟娜、蔡丽平、邓伟、张艳东

地址：山东省淄博市淄川区西河镇东庄村

摄影：房木生、苏亚玲

轻的介入：一个山村的半年蜕变
——记淄博山头村的设计介入

房木生

2016年乡建院在淄博市淄川区开始服务设计了三个村庄：土峪、东庄和柏树。一年的服务期中，有的是村里动了小部分的建设，有的建设更为完整。但三个村庄在建设一年之后，都有了非常明显的变化。总结了前面三个村庄的建设经验，2018年，淄博市希望我们在周村区再服务设计三个村庄。

是的，在这里，各级政府在乡村振兴政策执行中，是推进乡村建设的首要主体。而有限的资金，只能在区域范围内全力先行建设几个样板村。2018年开始，淄博市周村区南郊镇的山头村，就是这样一个需要建设的样板村。乡建院的城乡共生工作室，作为规划设计服务的团队，接受了此次建设设计的任务。

山头村在凤凰山东麓，在村委书记的带领下，从2013年开始，已经把村内的道路等基础设施建设了一遍，街道整洁，村外的河沟也进行了硬化，蓄水，建设了长廊，一派新农村新面貌的景象。然而，在村里调研的时候发现，完成这些建设之后，已经慢慢空心的村庄，人气还是集聚不起来，已经建设的几套民宿院落，也没有经营起来。一切看起来美好的样子，但就是没有真正得到振兴和复苏（图1）。

凤凰山，是周村区平原地带离城市最近的山。山上树木茂密，环境生态优良，是市民常来攀爬健身的地方。而从城里来爬山，就首先经过山头村。从我们关注"乡村人气"的角度来说，这就是一个乡村改造的利好机会。如何吸引城市或附近路过的人群来村中逗留，与村民达成某种互动，因此而开始城乡共生的乡村振兴，成为我们设计的基本思考出发点。

先算账。本年度的政策投入，在本村的上限只有300万元。如何将

图1　改造前的山头村及其背后的凤凰山（房木生　摄）

这300万元花到刀刃上，在硬件设施方面用最快的速度让村里发生改变？经过合计，我们决定还是在公共设施和公共空间上面下手。

（1）整个村貌的外观是否可以改变一下？新的面貌能带来人们对村里新的好奇和印象。

（2）现有的景观空间可否提升一下品质？通过提升公共景观品质，展延人们在户外逗留的时间，体验乡村的自然体验。

（3）建设"共生乡影"舞台。舞台作为我们在各个乡村推行的项目，文化娱乐的生产场所，对聚集人气有重要的作用。

（4）建设乡村乐园，通过提供儿童和成人的游乐场所聚集人气。

（5）建设一个标志性的空间。起到村标的作用，扩大传播影响。

（6）对吃和住方面的软硬件设施进行改进。餐馆、民宿，在可能的情况下，进行改造和新建。

以上几条，在半年多的设计改造中，除了餐馆、民宿已经进行设计但没建设之外，花了200多万元，都已达成。但山头村在这半年中似乎已经发生了极大的变化。

一、彩墙——花最少的钱做最大的改造

在我们面前，是一个已经进行过美丽乡村建设之后，干净整洁的村庄。村民房子院落的外墙，都粉刷了土黄色涂料，跟我们在淄博其他地方看到的乡村一样，洋溢着风貌统一却略显粗暴的格调。在有限的资金约束下，我们几欲无从下手进行整村的形象改造。

乡村，作为一种人类聚落，往往是自下而上生长出来的。相同的自然和人文条件，相似的审美和技术条件，传统村落往往表现出一种协调统一的风貌。而每个乡村作为一个完整的社区，随着时间

的流逝，在自在自然的生长中，往往也呈现出在空间、形态以及类型方面的丰富性。前一轮美丽乡村改造，实际上通过简单粗暴地粉刷黄色涂料，达成了"风貌统一性"，却抹杀了乡村内部的丰富性。当然，作为文化遗产层面的真实性等，也被涂料给厚厚地掩盖和破坏了。

我们面临的是一个烂摊子之后的困境。如果我们再用砖、瓦、石等乡土材料，跟现在很多乡村的做法一样，不管用勾线、砌面还是凿出原来真实的材料，显然都过于矫情，且都只不过是花更多的钱办一件只是满足视觉美的事情。不干！

山头村在山坡上，主体建筑朝南，院落之间会有不大的高差。我们注意到，高低错落的山墙，随坡而上，呈现出山头村特有的美感。

我们决定：以"多彩山头村，乐活凤凰山"为主题，在现有的基础上，花最少的钱，做最大的改造面，让山头村"焕然一新"：刷墙！

具体做法是：把村里的山墙面，用7~8种色彩，穿插着满涂了。颜色鲜亮，光彩各异。其余的墙面，不做处理。整村的刷墙，预算下来，似乎也就几万元的事情：这事儿相当值。

当彩色山墙一堵一堵地在村里呈现出来，大家都觉得多彩的生活又开始上演。

相比很多建筑师进村做的那些"性冷淡"空间，我们认为，热闹、多彩、丰富才是进入乡村正确的开启模式。当乡村在城市化进程中慢慢沉寂，冷寂的空间到处都是。乡村需要火热，多彩的生活需要重新注入，人气需要提升，乡村才会振兴。

因此，多彩山墙头，多彩山头村，成为我们在乡村振兴中呈现的一种态度和礼物（图2~图4）。

图2 改造后的山头村及其背后的凤凰山（房木生 摄）

图3 刷上了鲜艳色彩的山墙头（房木生 摄）

图4 鲜艳色彩山墙内部的村巷空间（房木生 摄）

二、亭轩——创意打破单调与隔离

朴实肯干的老书记，在我们刚开始进村时候，领我们看他这几年做的建设，长廊和水系是最大的看点。水系层层跌落蓄积，环绕村庄三面，长廊沿水路上建设，有通长的灯带亮化。可以看出，工作确实做了很多，村里的公共空间，也达到了一定的数量。

唯一的问题是品质。水系，水面离人很远，池岸混凝土面不自然。长廊，混凝土仿木也显得粗糙而拒人不亲。

同样的初心，我们希望以经济适用的方式，通过创意解决现有的问题。创意变得很重要。水岸的改造，需要太多投入，我们决定先不去动。就在廊子上面，实用的空间上入手。

在长廊边切入几个伸向水面的亭廊，在东北角的水系交叉点设置一个跨越的廊桥，在村里内部设置一个休憩廊轩和取水半亭。这是我们介入景观空间的全部，轻轻地。

把亭廊伸向水面，悬挑于池岸之上，可左右前上下观景、休憩，打破长廊线形空间的单调和单纯的通过性，让其自身也成为景观。亭廊内有开阔的视野，有顶遮雨防晒，座椅舒适，尽端式的安静空间，都让村民及来访客人产生了久留的欲望（图5）。

两水之间的廊桥，则是通过式的，两边有坐凳。架于村东水系水口之

图5　从长廊伸出到水面的亭廊（房木生　摄）

图6　跨越水口的亭廊（苏亚玲　摄）

上，与湖对面的乡村舞台成为对景。在造型上，亭廊与廊桥同为双坡顶，木构，柱与斜梁之间有三个斜撑，形成一种渐变的结构美感（图6）。

　　村内的休憩廊轩，是在村里中心的十字街口角上，填上一个已划车位形成。村内的老人往往愿意靠着围墙晒太阳，我们设置这个亭廊，就是为了给老人们一个这样的空间。十字街口北边，是村里取饮水的点，我们给取水口设置一个有顶的单坡小亭。就如往常村内的井口有井亭一样，我们也希望这样的设施成为公共关怀的一部分。

三、舞台——结构即为形象的寓意传递

　　村的东北角是村里的低洼处，也是村口，一个大的水面在我们进村的时候已经形成。我们刚开始设计了一个L形的空间，一块由台阶和亲水平台构成的露天"舞台"伸入水中，木构的有顶舞台在转角处，开向水边的一块不规则小广场。而在实施过程中，因为水深施工有难度，水上舞台搁浅不做了，只做了木构廊形舞台。

公共性的空间，我们希望发挥它们多义性多功能的作用，而非单一性的功能。首先是美观，新建的建筑应该具备景观的功能，美观、特别，能为乡村的传播产生积极的影响。其次是功能上的全时使用，也就是说，做一个舞台，它不仅是舞台，还可以产生日常的休憩娱乐等活动的使用。

因为凤凰山、山头村的"凤凰"与"山"等关键词，设计师为本村新建设的建筑景观生成了一个展翅飞翔和"山"形的设计母题。在舞台的屋顶上，也使用了这样一个两坡上翘翼状飞起中间有一个小坡突出的形象。整个建筑由实木构架形成，借用了传统木构排架的做法，由悬柱、双主梁、斜梁顺抬、副梁拉结、斜撑稳固等手段，用四排排架构筑了一个简洁、飘逸、结构清晰美观的舞台形象（图7）。

这个建筑的设计，结构即为形象，所有的力学传递都用清晰明确的结构构建形成。而渐变的直线又组成了某种曲线的效果，从而让一个展翅欲飞的形象得到了彰显。

出于使用功能方面的考虑，设计师在灯光、台阶、平台、屋顶等方面进行了多功能而开放的设计。让这个舞台担负起日常的乘凉、聚会、休憩、广场舞排练、表演、集会等多态的功能（图8）。

图7　翼形屋顶的舞台（苏亚玲　摄）

图8　水边的舞台（苏亚玲　摄）

四、乐园——废料再生的全龄化憩乐

进入凤凰山之前，路边有一片林地，主要是杨树，靠近村里已经建好的最上面两个水塘。第二级的水塘上，建了一个索桥，荡荡悠悠，显然是为了让经过这里的人们有一种娱乐的体验。

娱乐，显然更是让人们留下来的理由。时间作为人们最公平的元素，如何让更多人的时间投入到自己的商业模式中，成为当今商业最关注的点之一。游戏、电影等娱乐业的关注点，更是如此。而如何设计打造吸引人愿意花时间于其上的作品，是设计师最关心的。

我们在这片树林里设计一个乐园的初心，是面对自然的设计，让人们在自然中获得自然的恩惠，在自然的恩惠中获得身心的愉悦。因此，在设计和建造中，结合地形和现状的树木，铺装只是用两种不同颜色的碎石画出几个圆圈，分出吊床、秋千、软网攀爬、滑梯、沙坑等几个娱乐区域，用人工的痕迹清晰地切入自然景观之中（图9）。场地的设备材料，也尽量利用在地材料，废旧轮胎、原木、塑料绳网……一切简单的材料，被设计师组织施工人员现场制作，形成了当时当地特有的形式质感。设计师在水塘边还设计了两座小木屋，挑出在水岸之上，但因为过于开敞，临时改变方案，在进入的门口上捆上弹性橡胶带，形成一个封闭但又可穿越的"门"，色彩绚丽，果然吸引了许多小孩穿入小屋，探索屋后的水塘世界。

乐园的建设，在过程中已经极快地获得了村民及附近城乡居民的关注，并赶来享用。这里的人群，包括男女老少，90多岁的老人，都来这里晒太阳，看孩子们疯跑游憩。一派欣欣向荣的景象。

我们为这片乐园，取名同乐园，在树林里，不分年龄大小，共同寻找乐趣的林园（图10）。

图9　树林里的同乐园（房木生　摄）

图10　树林里的同乐园（苏亚玲　摄）

五、展翅——有张力的民族性标识

　　树林乐园东边，是两个水塘之间高高的大坝。坚实的坝体，承着一潭满溢的静水，倒映着岸边的绿树红花，也有凤凰山的影子。

　　站在岸下边的水塘边，上望，跨越水面的铁索吊桥，画出一道优美的弧线，设计师在那一刻决定：在那座坚实的大坝上面，再画一道

图11　凤凰桥（凤凰山山门）正视（马家乐　摄）

类似的弧线，建一座展翅舒展的"凤凰桥"。

　　设计由四个关键词共同定义：标志性、阳光感、激活场地、结构与形式合一。

　　展翅飞翔和"山"形的设计母题，在这里得到继续发挥。

　　利用坝顶的宽度，满放了四排钢柱形成进深方向三开间，中间开间为座椅，两边是过道（图11）。由繁复的红色柱子形成了这个廊架内部热烈、有一定神性和强烈秩序感的空间氛围（图12、图13）。红色，鲜艳而张扬，拒绝所谓的高冷色

图12　凤凰桥（凤凰山山门）侧视
（苏亚玲　摄）

图13 凤凰桥（凤凰山山门）斜视（苏亚玲 摄）

调，回归老百姓喜爱的大红大绿，一种中国的红。我们希望这种红，能激活整个村庄，让日子能火起来。

两边屋顶，由斜梁和横梁层层抬起，形成越来越陡的展翼形象。中间则是陡然升起的双坡顶面，交错的斜撑梁架组成了构图的中心。潜意识里，除了表达"凤凰展翅"的意象之外，也与我们熟悉的中国传统大屋顶"如鸟斯革，如翚斯飞"（出自《诗经·小雅》）之飞檐形象有关。

这种飞翔的形象，在尺度、形状和颜色的突出表现，经过水的倒影和山的映衬，以及日出月落光影的交错，为这块土地得到了空间氛围上的热烈激活。自发地，村里和附近村里的广场舞大妈们，都高兴地跑到这里跳舞来了。

与我们在别的村庄遇到的情况一样，半年的设计和建设，只是这个乡村振兴的开始。我们的设计和服务，作为一种样板，作为一种引子，通过创意，开始给这个村庄带来变化。色彩斑斓的山头村，将迎来它色彩斑斓的发展表现，这是我们相信并希望看到的（图14）。

图14 改造后的山头村及其背后的凤凰山（房木生 摄）

项目信息

项目名称：淄博市周村区山头村整体改造工程

项目时间：2018年2月—2018年11月

整体设计：乡建院城乡共生工作室

业主：淄博市周村区人民政府、周村区南郊镇人民政府、南郊镇山头村村委

主持设计师：房木生

执行设计经理：苏亚玲

设计团队：吴云、马家乐、刘文雯、孙骄阳、王朗坤

地址：山东省淄博市周村区南郊镇山头村

以经营乡村为出发点的乡村设计

——武汉江夏五里界小朱湾新农村建设

王磊　李昌平

　　新农村建设已有十年了。前些年的建设，较普遍的做法是政府和开发商结盟主导，大拆大建让农民上楼，留下建设用地（给政府或开发商）。上楼又几乎千村一律、千镇一律，住房结构城市化、生活方式城市化、社会形态城市化、治理模式城市化。村庄的历史没有了，村落庭院没有了，传统建筑没有了，传统文化没有了，绿色环保的生产生活方式没有了，祠堂没有了，传统礼俗社会没有了，孝道没有了，社会关系破坏了……中华文明的根基破坏了！这样搞或许破坏大于建设，前些年农民上楼模式建设的"鬼村"数不胜数。最近几年学习"郝堂模式"新建设的各种各样的特色"空心村"也在快速增加。而绝大部分"空心村"是各级领导干部亲自主导的"看得见山、望得见水、留得住乡愁"的"示范村"，有的是领导的"扶贫村"，有的是领导的"联系点"，有的是名人"故居"所在村，有的是古村落。大批量的依靠政府资源建设成的"空新村"，应该引起高度重视！

随着工业化、城市化和农业现代化的不断深化，中国农村会发生深刻巨变。大约有10%的村庄会成为城市一部分，这部分村子不必纳入新农村建设的范畴；大约有60%的村庄会逐步空心化，这部分村子也不是新农村建设的重点，但要重点研究其人口的转移和农业现代化的实现形式；大约还有30%的村子会发展成为有一定特色的中心村或中心镇，这部分村子是新农村建设的重点。如何建设好这30%的中心村或中心镇呢？

新农村建设不仅仅是农村城市化这么简单。很多人以为城市化是规律，城市化就是先进的方向，农村建设就是一切都向城市学习。其实，农村和城市是对立统一，互为存在的。城市化达到一定的水平，就会出现逆城市化，逆城市化也是规律。在逆城市化趋势下，农耕文化价值凸显，农村生态价值凸显。对城市居民而言，农耕文化和农村生态具有很高的消费价值。"看得见山、望得见水、记得住乡愁"，说出了逆城市化趋势下市民对乡村的期待，明晰了农村的价值所在。乡建院探索的"郝堂模式"，诠释了"看得见山、望得见水、记得住乡愁"这句话的意义。相对政府和开发商主导的大拆大建、农民上楼模式是有先进性的，但"郝堂模式"依然有很大的不足：一是内部资源整合还不够；二是营造和经营的市场化程度还不够；三是政府的角色依然太强。近两年，乡建院的新农村建设实践又有了新的升华："经营乡村"——以较小的增量投入激活巨大的存量，并有效经营起来——实现三生共赢可持续。

"经营乡村"要分三步走：

第一步，对村庄内部资源的整合。建立以村社内置金融为核心的资源整合体系，通过村社内置金融将农户的资源资产金融化——变成长期存款、股权、租赁信托产品等，为资源市场化配置（引进市场化的合作伙伴）而实现价值最大化奠定基础。

第二步，在内部资源整合的基础上再对村庄发展实施定位及全方位的规划设计。乡村的规划设计和城镇开发区的规划设计完全不同，乡村规划设计是大规划、大设计概念，包含组织、体制、机制、人的改造、经营模式、治理模式等一揽子系统解决方案。

第三步，营造和经营。规划设计的落地实施就是营造。乡村规划设计及营造是为了经营。营造的主体是谁？经营的主体是谁？一般都说主体是农民。这话没错，但也不完全对。新农村的营造和经营，涉及很多主体的合作合力。农民当然是主体，其实政府也是主体——基础设施建设及公共品供给，村民村社共同体也是主体——村庄内部资源整合、统分结合双层经营体制的"统"的方面、村庄公共品供给等，外部引进参与新农村建设和经营的合作伙伴也是主体。这些主体的权利义务及相互关系如何确定，是最难的。一个只有农民主体的新农村，"经营乡村"一般是不会有大作为的；另一个只有开发商或政府主体的新农村，"经营乡村"也是很难可持续的。

小朱湾位于武汉市江夏区五里界街道童周岭村，是村中一个集中了29户的小自然村湾，紧挨着武汉最大的湖梁子湖畔（图1）。改造之前的小朱湾跟其他衰败村湾一样，可以用破烂不堪来形容，建筑大部分为20世纪80年代以后盖的180毫米厚的红砖房，少量的再早用土砖和木构组合的土房子，按照75岁付启明老人的话就叫"土砖窝棚"（图2）。20世纪80年代以前，家家户户都是土砖房，灰头土脸，遇到大风雨还会被刮倒，湾子里的路都是土路，晴天都是灰，雨天泥泞不堪，随处可见猪屎牛粪。村中水塘富营养化严重，房前屋后垃圾杂物遍地，村民生存环境极其恶劣，建筑结构稳定性和热工性能很差，年轻人大多到武汉市里打工，留下老人、小孩、游手好闲者。这样的农村是我们这几十年来中国农村凋敝、衰败的缩影，能否通过难得的此次新农村

图1　小朱湾

图2　改造之前的小朱湾

建设，将村湾以及区域内其他湾子的价值激活，提高农民的生活质量及收入，让更多的年轻人回家，形成良性的村庄发展态势，这是我们乡建院的任务之所在。

　　小朱湾是我们和江夏区五里界街道共同选择的美丽乡村示范村湾，希望通过小湾的集中打造，产生整体区域的引爆效果，着眼点放在如何在大城市周边创造出可持续经营的新农村发展模式。在很多城市周边的新农村建设，绝大部分并没有深刻挖掘出乡村的巨大潜在价值，一种可能是乡村被城市化（农民上楼或农民失地）；另一种是就地改造，但改造的决心和程度不高，简单改造换来一时的价值，政府经常重复性地投入等，这些都是新农村建设的方法出了问题。所以，乡建院进入小朱湾目的就是在武汉城市周边建立可经营的新农村的新模式。看中小朱湾作为引爆点的原因是：第一，最佳的区位优势，位于武汉南部大梁子湖国际旅游休闲度假区的核心；第二，主题明确，毗邻薰衣草风情园和七彩花海景区（均已建好，在完善和试运营阶段）；第三，小环境特点鲜明，离梁湖大道有一定距离，湾内建筑布局错落，空间富于变化，院落基本都是开放性的，大树特别多，被水塘包围等；第四，个别户有经营意识，但缺乏方法；第五，街道、区、市各级政府的大力支持。虽然没有建设的村湾是那么的破败，但在我们眼里、心里早已勾勒出了小朱湾美好的未来。

本着经营乡村的理念，我们希望所有人在小朱湾做的每一个动作都是围绕经营二字，这种经营是农民为主体，农民受益最大，政府和乡建院等均为协作者。在小朱湾我们做了大量实质性的工作，列举如下：

（1）协助街道和村成立内置金融支农合作社（同舟共济支农合作社），注资并吸纳村内在外创业人员资金。以土地流转费进行抵押，向符合条件有需求的农户提供贷款，并出台美丽村湾建设相关优惠政策，制定了奖励办法。

（2）协助村将闲置的房屋和土地集中起来，统一打造经营。协助政府制定村庄改造的补偿措施，改造房屋每平方米奖励补贴180元，院落改造每平方米奖励30元。建设资金原则是农户的房子和庭院农户出大头，政府出小头，政府负责村湾基础性的设施的建设。

（3）对小朱湾及周边的村湾区域做整体性的规划设计，定位小朱湾为"荆楚·花·人家"，配套周边七彩花海和薰衣草庄园（图3）。目的是使其特色鲜明，有别于其他村湾，达到一湾一品。

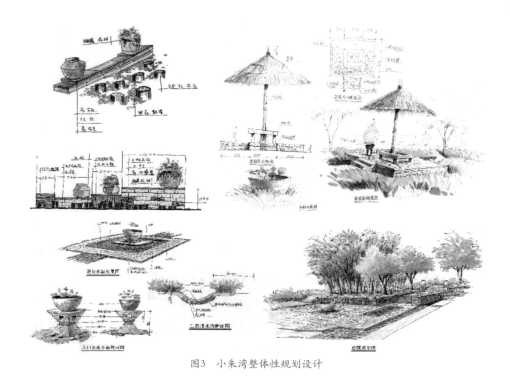

图3 小朱湾整体性规划设计

（4）深入农户家全天24小时入户调查，与农民生活在一起，真正知道农民需要什么，忌讳什么，搞清村内的宗族关系、矛盾情况、风俗习惯。

（5）进行落地性的建筑（公共建筑、农民房屋）、景观（村公共景观、农户庭院景观）及各项系统设计。农民房屋和庭院改造是一户一设计，前期先选积极性比较高的进行设计和实施（王万里、付红兵、曾方荣作为示范精品户），通过示范精品户的落地实施和经营，最大限度地激发其他农户改造的积极性。选择村标和一段景观墙做建造技术的示范和建造材料的试验，成功了的技术再向农户做推广。

（6）建造之前集中时间培训本地工匠，技术大比武，将好的施工队留下来；建造过程中继续进行施工技术指导，直至达到我们预期的艺术效果和质量要求。努力将本地工匠和农民的建造热情、艺术创造力激发出来，真正培养成为本地最好的工匠，未来继续延续和发展优秀的建造技术（图4）。

（7）帮助试制深灰色水泥挤压砖，来替代传统烧制灰砖。督促政府收购外域拆迁后的旧材料（灰砖、红砖、石、瓦、木料、缸和罐等），在节省新农村的建造成本的同时，使得大量的旧建筑垃圾变废为宝，产生古朴自然的艺术效果。

（8）协助制定村规民约和经营管理的办法，请专家对农户进行经营性系统的培训，统一经营标准的制定和推广。协助合作社和农户进行地域特色的农业服务业的深度挖掘，发展和推广原种作物等。

（9）引导政府挑选能力强的大学生村官驻村，帮助农民进一步的经营和发展，与外界接轨，增强村庄的活力。

（10）派乡建院的设计和工作人员常年驻村工作，跟农民和当地政府零距离接触，当赤脚建筑师。在整个建造和前期经营过程中提供我

图4　培训本地工匠

图5 乡建院设计和工作人员常年驻村

们的打包服务，做到有问题马上解决，高效应对村庄各种问题，及时地调整设计和方法，真正意义上实现在地工作（图5）。

上述10项是小朱湾乡村营造较为主要的工作，在一个长期的乡建在地工作中，一定会有很多复杂细微的事情和矛盾发生，这就需要长期的陪同和协助，帮助村民和村集体一点一滴地建好自己可持续经营的家园。小朱湾我们已经伴随了一年，一年的工作使其由破败杂乱变成了韵味十足的荆楚小湾，初步具备了引爆经营的态势。在建造过程中我们注意激发农民自身的积极性，新农村建设绝对不是政府的大包大揽，农民的积极性调动起来了，什么事就都好办了。小朱湾就是在正确的乡建方法引导下，逐步地激活乡村，农民的参与状态由之前的观望和徘徊，变成如今的主动搞，他们自己想搞，请我们去家里商量如何搞等。这种变化是我们想看到的结果。乡村必须实现其自治，修复起自我造血功能，激活文明的基因，中国的乡村复兴才有希望，伟大的强国梦才有条件实现。

小朱湾我们选择村标和一段景观院墙作为"样板"，充分体现荆楚风格（图6）。设计之前，对荆楚风做了大量的资料收集和考察，在河南和湖北两省的博物院中一些出土文物中，希望能找到荆楚风的感觉（图7）。虽然不能正统地解释何为荆楚建筑，但对于诠释其精神有了较

1. 村标\景观院墙
2. 乡村客栈
3. 王万里家
4. 付红兵家
5. 曾方荣家
6. 段传斌家
7. 荷塘

图6　小朱湾改造样板

图7　博物馆中的出土文物

深的理解：融合自然、大气自由、高台累榭、庄重浪漫、精细华美、艳丽沉稳、生态建造。

　　村标和景观墙是按照上述总结出来的风格来设计的。基本材料选择传统的砖、瓦、石、土、木，其中砖是特制的灰砖（水泥挤压砖）。此灰砖是我们研制的配方，从色彩、强度、渗水性等各方面性能均达到了设计要求。在式样上，村标采用大悬挑屋顶，木构下面为收分的灰砖砌小高台，加上一些横插的方木和红砖花作点缀。灰砖灰瓦、炭烤刷桐油的木构基本呈现出沉稳之气，红砖花和收边则起到丰富细节的作用。景观院墙突出了几种乡土材料的变化组合，一段墙上尽可能把细节做足，紧扣荆楚风格（图8）。村标和景观墙除了风格

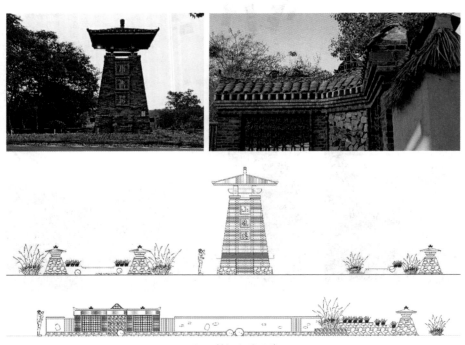

图8　村标和景观墙

之外，还有在建造技术上对工匠进行培训。我们对于清水墙灰缝的质量、材料拼接的准确度等提出很高的要求，坚信做有品质的乡村，才能达到持久经营的目的。达不到要求拆了再砌，直到满足要求为止。村标和景观墙既是荆楚风格建筑的初次亮相，也是工匠的技术大比武。

小朱湾农户改造坚持选择性扶持原则，先设计和改造积极性高的，有意愿经营的，严格按照设计图实施的农户，政府给予较多的补贴。先期改造的房院均定义为精品户，也只有前期把少量的精品房院改造和经营好，后面的农户才会主动跟着做。小朱湾共29户，到目前为止全部农户都进行了改造和局部原址新建，其中先期精品户为3户，分别是王万里、付红兵、曾方荣家。以王万里家为例，来说明精品户是如何改造的。他家四口人，其中有一个老人（王万里的母亲）和一个孩子，三开间两层，一间厨房和两间杂物房，东侧面向村荷花塘，有前后空地和西侧空地，建筑为红砖砖混结构，屋顶为木构加砖红色机制瓦，改造前房屋质量很差，240毫米外砖墙砖缝粗糙，建筑四周无排水沟，墙体、地面和屋面渗水严重，室内环境潮湿且冬冷夏热，外部空间杂物垃圾遍地，杂乱不堪，整个生存环境处于恶劣状况。王万里家的改造要求是农户提出的，想经营相对高端的餐饮农家乐，加上售卖本地土特产。对于王万里家我们采取以下改造措施，以提升其经营价值。

（1）把改造重点放在庭院上，营造出南方可经营的室外开放空间。将建筑四周空地进行打造，与建筑南北房门串联起来，形成开放庭院。在南北庭院入口处各增加一个招牌木构门头。庭院布置室外休息座椅和遮阳伞，边缘地带栽种盆栽蔬菜和花果木，废旧水缸种香水莲花等。

（2）将建筑空间分为上部和西侧的生活居住区（今后可住宿）、首

层餐饮经营区和东侧由老人房改造的商品销售区。

（3）房屋东侧邻近村内小路，且东侧路面标高高于建筑室内地坪约半米以上，所以重点处理道路护坡和道路与建筑之间的排水问题。建筑四周增设四周排水暗沟，解决边缘排水、防潮问题，起到稳定地基的作用。

（4）西北侧高土堆增加挡土矮墙。

（5）建筑外墙外包至少120毫米厚的灰砖墙，砌墙时在室内地面高度增设防潮层，建筑南面悬挑外走廊增加砖柱支撑，以提高悬空部分的结构安全性。灰砖作为新增外皮的主材，强调灰砖的砌筑方式变化，原有保留的红砖墙重新做勾缝处理。

（6）东侧二层空间设置一个带坡屋顶的室外观景平台，建筑北侧增加外廊，将南北二层外廊与屋顶平台连通。

（7）屋顶全部换深灰色机制瓦，将砖红色机制瓦拿下，用于庭院地面和墙体的细节上。

（8）充分消化建筑垃圾，巧妙利用乡土废弃物（旧缸、磨盘等），保留原有植被（原有竹林和树木）。

（9）制定乡村农家乐经营的标准。

经过一个多月的施工，王万里家初具规模，其他两户付红兵和曾方荣也相继开工，搞起经营。由于示范户通过经营得到了利益，农户积极性一下调动起来，后面的实施也相继朝着良性的方向发展，由政府要求农户改造变成了农户自愿进行改造。现在的小朱湾除了付华容家，其他均可以作为精品户，并基本实施完成（图9、图10）。其中段传斌家甚至拿出50万元来改造和局部新建。如今小朱湾前期挣到钱的农户大部分都收回了改造成本，有的进行再一次的自发改造升级，主要是在前期未涉及的室内环境和局部环境再提升上。

图9 改造完成的村内建筑

图10 改造完成的院落内部

图11 竹林客栈

在公共建筑方面，小朱湾利用合作社的内置金融资金收储了胡正威家的三间单层砖房及一片竹林，希望利用其新建村集体可经营的村湾客栈。设计思路是利用原有旧房周边的竹林，使客栈掩映于竹林中，定义为"竹林客栈"（图11）。客栈为两层建筑，分为两个部分，此种体量组合的原因有三个：第

一，将错就错，充分利用村内突发事件造成的竹林被破坏的地方；第二，保护原有大树，如果建筑采用一个大体量，一定会砍掉原有建筑西侧的一棵大樟树；第三，尽量接近湾内农户房的体量，太大的体量在小村湾整体空间环境当中不太适合。建筑式样最大限度体现荆楚要素，以及本地区传统石库门民居的基本形式。主体墙面抹土漆（乡建院特殊配制的防水涂料，与农民土房的表面颜色和肌理一致）；屋顶和外廊采用木屋架，屋檐出挑较大，遮阴避雨；屋面铺深灰瓦，屋脊用小灰瓦拼出翘脊。在西侧单体上面设置了屋顶室外茶楼，可以远看小朱湾。建造过程中就地消化掉了拆旧房的所有材料，就连老房子里的旧罐、缸和木制工具等全部用到了客栈庭院景观当中。小朱湾乡村客栈是湾里的中心建筑，其与自然相融合，体现乡土韵味，将成为湾内经营的主要公共空间。

乡建院希望营造出一年甚至几百年不落后的村庄，我们在保护传统村落的同时，也坚信我们工作过的一般村庄，过五百年后变成中国的传统村落。在整个过程中"经营乡村"才是根本，一味的保护没有任何意义的。当前的新农村建设一定本着经营的理念，让农民真正挣到钱，看到未来乡村的希望，让乡村内部造血，形成良性持续发展。具有正确头脑的乡建人，我们会坚守在农村这块土地，努力地工作下去，星星之火可以燎原。中国的乡村不能再犯城市犯的错误了，宁可慢一些，也要坚持正确的方向，相信未来世界最贵的地方是中国的优秀乡村。

项目信息

项目名称：武汉市江夏区小朱湾村整体改造工程

项目时间：2013年3月—2015年4月

整体设计：乡建院百年乡建工作室
业主：武汉市江夏区五里界街道童周岭村
主持设计师：王磊
设计团队：王磊、李正荣、洪金聪等
地址：武汉市江夏区五里界街道童周岭村
摄影：王磊等

从样板走向系统①
——鄂尔多斯市准格尔旗布尔陶亥苏木尔圪壕嘎查的设计

王磊 董晋 刘义强

布尔陶亥苏木（苏木为镇）系蒙古语译音，意为"褐色湾子"，位于内蒙古自治区鄂尔多斯市准格尔旗西北部，北部是库布其沙漠，南部为梁峁山区，属半农半牧区（图1）；尔圪壕嘎查（嘎查为村）是蒙古语，汉语意为"喷涌"，位于布尔陶亥苏木东部，村里有一眼泉水，明澈清冽、汩汩不绝，村由此得名，其中的美丽故事也是从这眼清水展开。

一、尔圪壕全覆盖

2014年初，内蒙古自治区党委政府作出了用3年时间，投资600亿元，在全区农村牧区实施"十个全覆盖"工程。这是自治区成立以来，第一次全面系统大规模投资农村牧区基本公共服务设施，促进城乡公共服务均等化，加快城乡统筹发展的综合性民生工程。"十个全覆

---

① 河北省社会科学基金项目，编号：HB15SH046。

图1　布尔陶亥苏木卫星图

盖"，一是危房改造工程；二是安全饮水工程；三是街巷硬化工程；四是店里村村通和农网改造工程；五是村村通广播电视和通信工程；六是校舍建设及安全改造工程；七是标准化卫生室建设工程；八是文化室建设工程；九是便民连锁超市工程；十是农村牧区常住人口养老医疗低保等社会保障工程。乡建院在尔圪壕的乡村陪伴协作工作与"十个全覆盖"的三年工作是对应的，是在落实全覆盖的具体工作，其成果为自治区提供好的样板模式，给"十个全覆盖"增彩。

　　2014年新年刚过，我受邀来准格尔旗考察，第一印象就是人淳朴和直率，政府确实是想为老百姓干一番实事的，希望把尔圪壕打造成自治区"十个全覆盖"的样板。冒雪考察，看到了大漠冬日的"凄凉美"，颇有舒展放松和畅快的感觉。虽然该村在生态建设上取得了非凡的成就，但在生态与产业、生态与民居改善、生态与文化方面的结合仍需进一步

改善，更要结合村庄的景观建设进一步优化生态环境，借助新农村建设的机会大幅度提升村庄的民族性、宜居性、休闲性，打造田在林中，林在花中，村在水中，人在画中的"沙漠水乡"景象。创造出一个符合内蒙古农村建设和发展的新模式，这是政府和乡建院对于尔圪壕的期望。

二、陪伴系统乡建

准格尔旗与河曲县隔河相望，与府谷县又是地邻，当年走西口的河府人将准格尔旗视为落脚的第一站（图2）。蒙汉文化的融合也是走西口习俗形成的重要原因。"三北"（晋西北、雁北、陕北）地区与内蒙古相邻，通过年复一年的走西口，沟通了"黄河文化"与"奶茶文化"，其融合的结果，便产生了"西口文化"。尔圪壕地处库布奇沙漠边缘，地广人稀。村庄沿河分布，因此这里土地肥沃，植被茂盛，先人便在此定居下来繁衍生息，形成了一个蒙汉融合的村庄。在民居建筑、方言习俗、饮食文化、宗教信仰等各方面都体现了与三晋文化的一脉相承，

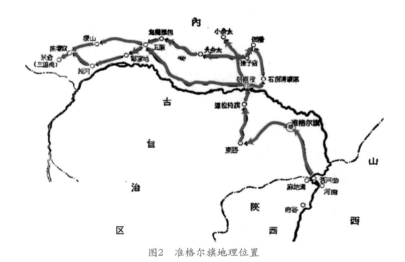

图2　准格尔旗地理位置

尤其是发源于准格尔旗的"蛮汉调"正是蒙汉人民共同培养,浇灌出的一朵民间艺术形式。作为沙漠的屏障,村庄既面临生态建设的重任,又承担着发展经济的压力。通过尔圪壕新农村建设,希望探索一条在地广人稀的西部区域以农民为主体并广泛参与的新农村建设新模式。

三、"以水为魂,以点带面"的规划思路

在沙漠边缘这样的干旱地区,尔圪壕的水资源既是稀缺资源,又是景观亮点,更是产业发展的保障,从产业规划,景观打造,活动设计都是紧紧围绕水系展开。通过分段整治,将景观建设与水源涵养、河道整治、渔业发展相结合,使之满足生产、生活、休闲的需求。打造沿河游憩带,以景观和休闲设施提升沿岸土地价值,在合适位置留出建设用地指标,为社会资本的引入提供条件。沿公路发展商旅休闲

图3 尔圪壕

服务产业，因地制宜发展农林牧渔产业。使得乡村产业紧密联系，互相支撑，形成良性的利益共同体。工程建设方面，结合尔圪壕面积大、居民居住分散的特性，在基础设施集中配置上存在困难，因此规划思路确定为：先对示范户进行改造，做样板，样板认可后社全面推开，以点带面，多点成线，分期、分区组团发展。陪伴式系统乡建工作计划三年，第一年为摸索期，主要任务是做样板，试验性开展工作，初步调动农民积极性；第二年为推广期，主要是在整个沿线全面进行提升改造，实现基础设施全覆盖，且鼓励农民改造好的部分进行经营；第三年为提升期，主要是在一、二期的基础上，提升整体环境和经营品质，局部要做出高端消费的乡村空间。具体的工作列举如下：

（一）基础设施建设工程（图4）

1. 外部道路

修建大路镇至布尔陶亥神华煤电铝项目园区的八车道；为了提升该村的外部进入性，在现有村级路的基础上，修建尔圪壕至快速路的硬化路，将成为包头、呼和浩特、鄂尔多斯游客来此旅游的重要通道。

2. 内部道路

结合村庄发展旅游的需求，以及满足村民日常生产、生活的需求，在现有道路的基础上打造三套内部道路系统：最外层是越野车道

图4　基础设施建设

路系统，连接尔圪壕与周边村庄；自行车道路系统，所有的外部车辆进入村庄必须换乘，保证行人的安全和村庄宁静；沿河步行系统，这是感受村庄文化和生态环境的重要支撑，也是引导游客游线和丰富游客活动的重要支撑。

3．换乘系统

在村庄几个重要入口，结合生态环境建设修建适度规模的生态停车场，以停车场为起点结合景观建设合理规划自行车和步行两套系统。

4．资源分类中心

垃圾是尔圪壕的困扰，也是影响村庄景观的制约因素。具体的做法，从每个家庭开始，垃圾进行干湿分开。政府、环卫、村民、拾荒四者联手，率先把这件本来很简单的事做出样板，需要调动村民义务出工整理村庄的垃圾，实行资源分类。

5．生态厕所

推广粪尿分离的旱厕系统，结合养殖，使分离的肥料回到田地中。

（二）村庄建设工程

1．公共设施

村委会是村庄的行政中心、服务中心、文化中心和对外宣传中心，现行的村委会无论在功能、空间和外形上都不能满足村庄发展需求，规划重建占地2000平方米集行政、文化、卫生、培训、商业等多种功能的新村委会。

2．民居改造（图5）

现存建筑有百年老建筑，有40年前的夯土建筑，20年前的砖混建筑和近期的新民居，完整记录了村庄的民居发展历史，在满足村民新建房需求的同时，对旧民居尤其是对百年老宅和具有明显地域与民族特色的夯土建筑的改造，既是文化的保护又可推动民居建设历史的传

图5　民居改造

承，可以更好地满足游客的旅游需求。民居的改造和庭院绿化、棚圈、厕所改造相结合。

3. 村社共同体

尔圪壕由8个社组成，随着村庄经济社会的发展，各个社之间在产业、特色、规模上会有差异，居住人员由单纯村民过渡到家庭度假、商务游客、体育运动等多种群体，村庄经济社会系统会复杂化、高级化，现存的村级组织构架会不适应经济社会发展要求，需要与时俱进地构建村庄治理体制和运行模式。

4. 健康教育

围绕疾病预防的主题，侧重传播健康理念、健康知识和信息、提高民众（特别是妇女和老人）的健康生活能力，推进以家庭为中心的健康教育和健康促进活动。

（三）产业重构工程

1. 内置金融

内置金融是相对于银行等金融机构的外置金融而言的，因为"外置金融"服务不发达农村的分散小农存在致命弱点：贷款规模小，成本高；信息不对称，风险难管理；不发达农村农民的农地、山林等，过于零碎、价值偏低，且短期内升值空间不大，难以成为银行等金融机构的有效抵押品。因此要解决农村发展对资金的需求必须建立内置金融，结合尔圪塔村现有的扶贫互助社项目，政府注入种子资金，吸收村中老人数额不大的养老金，以此吸收村中的闲置资金、闲置土地、宅基地，实现资金资本化、资源资本化。在此基础上成立养老资金互助合作社，由政府和村民选举的人员共同管理该项资金，按照村民自发讨论制定的章程运营资金，发挥农村熟人社会的特征，由每个合作社的老人作为贷款发放的主要意见参考者，资金运营的收入一定比例发放给村中老人。

2. 生态种植业

尔圪塔是周边地区生态条件首屈一指的村庄，村庄水资源丰富，种植业发展具有先天优势，主要发展高端绿色蔬菜和特色瓜果种植，

在冬季大力发展设施农业，引入标准化蔬菜大棚，满足地区冬季对蔬菜瓜果的消费需求，所有的种植必须配备节水灌溉设施。

3. 健康养殖业

尔圪壕目前的养殖以猪、羊、鸡和渔业为主，村民主要在自己院子周边养殖，不成规模，也给村庄环境造成污染，下一步鼓励村民发展规模养殖，发挥山林面积大的优势，在远离村庄的山场发展散养鸡，并植入游客捡蛋的体验活动，羊的养殖与加工一体化发展，"猪—沼—作物""猪—沼—渔"的混养殖合模式，渔业不断引入新品种，并与旅游更好地结合，不断改造传统产业形态，逐步实现养殖业与农业和旅游业的融合发展。

4. 休闲旅游业

旅游业是整合尔圪壕传统产业的重要依托，也是村庄未来产业发展的主要方向，以民居改造为切入点，重点打造以村委会为核心的前尔圪壕片区和以旧学校改造而成的旅游服务中心为核心的沟门片区，以两个中心带动向周边辐射推动全村的旅游发展。围绕沙漠水乡的特色景观，发挥以库布齐沙漠地域相连的优势，发展沙漠越野穿越旅游，水乡观光旅游、生态度假旅游、美食体验旅游和健康运动旅游。

（四）生态建设工程

1. 树种替换

村中现有树种主要是柳树和杨树，景观效果差、经济价值低，尤其是杨树不适合在干旱地区种植。选择本土类，景观效果和经济价值都高的如文冠果等树种逐步替换。文冠果是内蒙古的本土树种，花有很好的景观效果，还是重要的蜜源植物，果可食用，籽可榨油，是生物柴油的重要原料，先试种再推广。

2. 立体生态建设

在种植油松、文冠果等乔木的同时，还要配合灌木和草被植物立体化防风固沙，也可打造多样化景观，选取沙棘果、沙枣、沙拐枣、枸杞等具有经济价值的灌木以及益母草、赤芍、黄芩、冬花、麻黄、党参、甘草等本土中药植物，建立立体生态防护系统。

3. 村庄生态环境优化

尔圪壕大生态系统已经初具规模，但村庄仍有大面积的土地裸露着黄土，尤其在道路两侧和宅院周边，重点对现有裸露地区进行绿化补植。

（五）文化建设工程

1. 地方曲艺的保护与开发

布尔陶亥是漫瀚调的发祥地，该曲艺的形成正是蒙汉民族大融合的文化见证，现在仍有广泛的群众基础，仍然是该村村民口口传唱的地方曲调，结合文化的保护和旅游的需求，在村中建一座戏台，引导本村村民组成表演艺术团。

2. 节庆文化的保护与开发

每年3月21日是成吉思汗的春祭活动，5月13日是祭祀关公的节日，村民对这两个节日非常重视，是乡村文化的重要构成，也是村庄发展历史的浓缩，依托现有的节庆群众基础将其发展为乡村旅游的重要节庆活动。

（六）旅游配套建设工程

1. 村标及导示系统

村标是村庄的文化标识，尔圪壕是蒙汉融合的特色，在文化保护和民族融合方面具有重要意义。由于村庄范围很大，植入全村的导示系统很重要。

2. 旅游服务中心

将现有的旧学校改造成集游客服务、住宿餐饮、文化娱乐等多种功能的游客服务中心。不同于村中以村民为主体的农家乐旅游，这里是解决村庄团队旅游、高端旅游服务需求的场所。

3. 农家乐示范户

选取有特色、位置好、村民有经营意识和经营能力的宅院先期改造，第一年打造三家农家乐旅游示范户，以此为带动，第二年推广到10~15户，第三年50户左右，发展乡村旅游。

4. 旅游活动

借助旅游活动实现品牌宣传，加强与库布齐沙漠的国际越野赛的联系，以优良的生态环境、浓郁的民族特色和朴素的乡村风貌为吸引点将尔圪壕打造为国际越野赛的服务基地；针对全国垂钓爱好者与内蒙古垂钓协会共同举办垂钓活动；针对骑行爱好者举办沙漠骑行等活动；组织游客开展"我的生态我做主"的生态再造植树活动。

四、样板示范意义

人有从众心理，在农村更是这样，以前谁家盖房子好，大家都学着盖，而且会形成一定时期的样式和布局。年份越早民居的建造水平越精湛，质量越好，究其原因，我们认为农村建房有传统技艺在里面，且这种技艺带有较强的地域性。当今，尤其是改革开放以后，社会发展越快，农村建房的技艺和品质越来越差，有些传统技艺已经丢失。这是一次规模空前的建造文化的败落，破坏性极大，内在的安全隐患不断地暴露出来。乡建院在多年的乡村建设中，一定本着有地域性、有文化感、安全坚固的基本原则。不是农民不想盖好房子，而是设计师和政府专管部门没有告诉或者给予他们好的答案，大多只停留在表面上，不重视建造技艺，不关注房子的建造过程，用什么样地域性材料来盖等。每个村庄都重视房子落地性，提倡先做样板，这里的样板可以是样板墙，也可以是样板房。这些样板都是经过深度挖掘整理过的，具备浓厚地域性的建造特征，且受农民喜欢，可以延续和推广。通过样板建设，可以高效唤醒农民对于高标准建房的信心和干劲。对于样板的要求很高，做到建造技术水准最高，建筑的细节到位，建筑的空间、比例、尺度、材料搭配等舒服，既要有传统材料，又要有新材料的合理运用，必须由技术精湛的工匠作技术指导，本地工匠参与整个建造过程。通过这样，既做出了好的示范效果，也培养了本地的工匠，为今后的乡村建造技艺的延续奠定了良好的工匠基础。"样板"要做"过"，这样农民能学到其中的70%就已经可以达到较好的效果了。

尔圪壕在10个全覆盖的建设中，选择了景观中新建一个亭榭作为样板（图6）。此亭榭就是抽取了本地传统建筑的一开间，目的是做样板的同时，又可以保留下来为村民所用，而不是简单地做一面示范墙。此样板抽取出准格尔旗河套地区民居建筑的基本原形，既具有山西、陕西地区民居的特征，又有蒙古民族喜欢的元素。本地区存在蒙汉两个民族，尤其是尔圪壕，本身就是蒙古名字命名的村庄，一半蒙古族、一半汉族。本地区的汉族据考证大部分是走西口来到此地的，带来了山西、陕西等地的房屋建造传统，所以尔圪壕的样板具有蒙汉双重性格。建造材料以砖木为主要材料，双坡（长短缓坡，坡度略带弧线）瓦屋面，灰砖砌筑三七墙，四个墙头有四种样式做法，三个窗户表现了三种窗户及窗边的细节，两面的屋檐及檐口呈现两种不同的处理，其中白色混凝土预制构件模仿檐椽，椽头饰以蒙古花纹等。集最多的细节和样式为一身，供蒙汉村民今后建造自己房子时选用。样

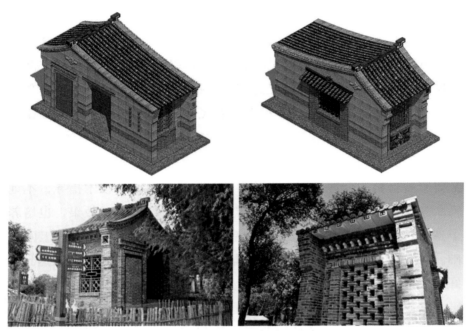

图6 样板工程

板由乡建院的老工匠桂工负责指导，当地施工人员建造，整个建造砖构技术要求很高，从砌筑前的选砖，到砌墙随砌随抹，缝的宽度和勾缝的方式必须严格按照规范的最高要求。此样板完成，本地工匠很自豪地告诉村民，我们其实也有能力盖好一栋清水的砖构建筑。样板建成之后，村民都很喜欢，大部分都决定马上动工。在后面众多农户建房和改造房子的效果中，或多或少地能看出样板的影子，有的甚至还创造性地发挥，产生更丰富、更偶然的艺术效果。可见农民其实创造性是无穷的，要充分相信农民可以在设计师协助下建好自己的家园。更坚信样板的作用，给村庄建设带来引爆式的效果。我们希望更多的村庄先做样板，样板盖不好不能大面积铺开，不能拿老百姓做试验。

墙砌不好拆了再砌，直到达到要求。希望小小的样板就像星星之火可以燎原一样，影响整个村庄乃至一个地区的建设良性发展。

五、老土房院改造

满毛愣家的土房院（后面简称一号院）是我们在尔圪壕改造的第一个精品传统房院，其意义也是给整村改造作为样板（图7）。土构民居在本地区尚存在很多，建造时间普遍较早，最早的有100多年历史，一号院是1979年盖的。对于本地区旧土构房子我们没有采用大范围拆掉的做法，而是尽可能保留，有条件改造的就整体修缮（建筑、室内、庭院等方面），改造完用于对外经营或自住；现在没有条件的我们只要做到维护，防止旧房继续破坏，乃至坍塌，待时机成熟再处理。对于此类型民居院落的保护性修缮改造，对于地域性的建造传统保护和风貌保护有着积极的意义。

一号院为方正院落，所有建筑和院墙均为土质（土坯砖加局部夯土）结构、木门窗，屋顶为传统朝内院单缓坡屋面（木结构上铺苇席再覆较厚的茅草拌泥做法）（图8）。主房坐北，由1小间和2大间组成，主房内有火炕和灶台（可以做饭）；南房为低矮的粮房和杂物房，院墙不高，无院门；庭院素土地面，开敞无任何处理；没有卫生间；主房东山墙外另设一间作为马房。对于这样一般性的传统土院落，我们改造的出发点就是维持原貌，完善建筑的基本结构和物理性能，在此基础上提升室内外环境品质，增加一些附属配套功能，最终让农民认识到老土房是具有价值的。改造分为北主房、南配房、庭院（包括院门、院墙）等部分。北主房改造为常规性的，修复破损土墙，换掉屋顶腐朽的椽，屋面按照茅草拌泥做法重新铺设，门窗木构部分修补，玻璃改为双层玻璃，修复室内损坏土炕，室内重新铺地刷墙等；庭院铺设

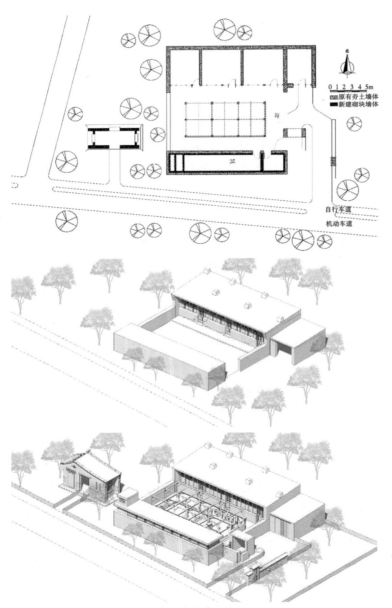

图8　一号院改造前

砖地面，增加大面积种植廊架，不大动院墙，只做局部修补，结合照壁增加院门空间，使入口区层次更加丰富，提高安全性等；南配房（当地叫粮房）改造是最特色的，在人们眼里低矮阴暗狭窄的粮房没有任何改造的价值，拆掉新建是最正常的思路，但在我们看来必须保留，将其在现有基础上进行改造提升，达到更高的经营品质（表1、图9）。

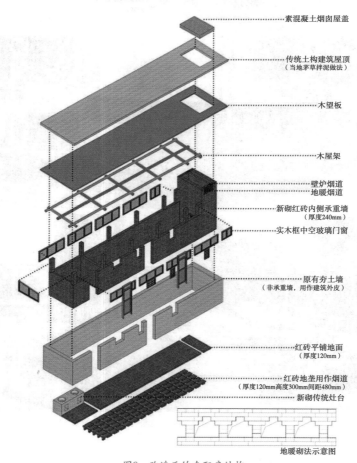

素混凝土烟囱屋盖

传统土构建筑屋顶
（当地茅草拌泥做法）

木望板

木屋架

壁炉烟道
地暖烟道

新砌红砖内侧承重墙
（厚度240mm）

实木框中空玻璃门窗

原有夯土墙
（非承重墙，用作建筑外皮）

红砖平铺地面
（厚度120mm）

红砖地垄用作烟道
（厚度120mm高度300mm间距480mm）

新砌传统灶台

地暖砌法示意图

图9 改造后的南配房结构

原貌、问题、理念策略、改造结果（南配房为例） 表1

南配房			
原貌	问题	理念策略	改造结果
	外土墙破损严重维护性较差，老鼠土墙打洞	外土墙局部修补，内部砌筑240毫米红砖结构墙体	
	木支撑结构和屋顶半坍塌	按照传统做法更换屋顶及其结构，原木支撑结构取消，屋顶受力落在新砌红砖墙上	
	室内空间高度低矮、阴暗、分割较多且狭小	新屋面提高后，提高部分沿建筑周圈设置采光及通风窗，空间打通整合使用	
	功能主要作为粮房及杂物房	东侧增加厨房和土灶台，西侧整合通长空间灵活使用	

续表

南配房			
原貌	问题	理念策略	改造结果
	无任何冬季采暖设施	地面用地垄墙架空，形成土灶加地暖装置，在烟囱一端再增加传统壁炉	

六、再走西口意义

今天再走西口有其更为深远的历史意义，我们需要实现的是共同富裕的目标，而不是当年的单打独斗，愣闯的勇气和不确定性，做的是有计划、有内涵、有步骤的综合发展新路。党的十八大提出的美丽乡村、中国梦，中央农村工作会议提出农村综合发展新的思路，农村迎来了新的发展契机，这个时代再搞不好农村，就愧对我们的时代和子孙。"美丽乡村"绝不是简单意义上的涂脂抹粉，吃保健药，而是采用中医治病去根的原理，解决了内在，外在才谈得上美丽，所以我们坚信系统乡建的道路是必要的，也是唯一的出路，在此基础上本着经营乡村的理念，盖一个房子就经营一个房子，建完一个区域，就经营起来一个区域，让村集体行使其主动权，把老百姓积极性调动起来，使共富思想深入人心。我们要继续治理好内蒙古地区的生态环境，让生态效益最大化，使地广人稀的内蒙古变成最适合人们居住和游玩的福地。希望"西口文化"在新的时代绽放其巨大的魅力，创造出巨大价值。我们一起再走西口吧！

项目信息

项目名称：鄂尔多斯市准格尔旗布尔陶亥苏木尔圪壕嘎查整体改造工程

建设时间：2013年3月—2016年4月

整体设计：乡建院百年乡建工作室

业主：鄂尔多斯市准格尔旗布尔陶亥苏木尔圪壕嘎查

主持设计师：王磊

设计团队：王磊、李明初、彭涛等

地址：鄂尔多斯市准格尔旗布尔陶亥苏木尔圪壕嘎查

摄影：王磊等

整村营造的适用之道
——涧西古堡更新实践

孙久强　周静微

　　道是道路，也是道理，外在为发展的方向，内在是设计的原则。追寻乡村建设的适用之道，绝不是说找到中国这千千万万乡村发展的唯一路径。因为，适用于每个乡村的唯一发展方向，根本不存在。我们追寻的是后者，乡村营造的策略和方法。与单纯的建筑或景观节点设计不同，村庄整体营造项目面临着更为复杂的挑战。不论是宏观层面上需要面对多样化的使用者、头绪纷繁的历史遗存与未来需求、项目资金的划分与投入配比，还是微观层面上具体建筑材料的斟酌、街道景观的配置等，都需要由一套完整和清晰的策略撬动整体的建设。这个策略，即设计之道。适用之道，适用即道，是"视情况而定"：根据村庄的资源和特点制定针对性的产业规划，根据当地的气候和传统使用适宜的材料，根据人的活动确定空间的尺度，根据场地和肌理做出形式的创新。在涧西古堡更新项目中，乡建院初步探索了村庄整体营造的适用之道。

一、涧西古堡——针对性的精准定位

涧西村，地处山西省北部大同市广灵县，太行山北端，恒山东麓的塞外高原，距离广灵县城15分钟车程。涧西村有着丰富的历史文化资源：近180年的历史，至今还保留着部分堡墙，堡门，五个清代的古院落。近年来通过土地整合流转，引入了具有较高观赏价值的药用花卉种植项目。在对涧西村的现状及潜在资源进行梳理之后，我们提出了"旅游+"的产业规划，依托独特的民堡遗址和古民居院落，打造特色乡村旅游目的地；引进药用花卉种植，挖掘传统制陶工艺，发展乡村宜居新产业。村庄整体营造不能一蹴而就，需要分期建设。基于现状条件与未来业态设定，我们制定出第一期工作的重点"一街两区三点"，作为引领涧西村后续发展的引擎（图1）。

图1　涧西古堡（适用建筑工作室　绘）

二、一条主街——适宜人居的尺度

主街是连接涧西村与外部省道的主动脉，串联沿街的不同空间体验。街道不仅是基础服务设施，也是社区中最重要的公共空间。因此，街道尺度既要满足基本行车规范，也要适宜村民停留、聚集。主街色彩以材料原色为主，使用黄土、卵石、青砖、灰瓦、原木等传统材料（图2~图9）。

图2　村口景象改造前后（焦东子　摄）

图3　松林与挡土墙改造前后（孙久强　摄）

图4 影壁墙改造前后（焦东子 摄）

图5　松树下座椅改造前后（孙久强　摄）

图6 堡墙整体视觉与东堡门改造前后（焦东子 摄）

图7 主街景象改造前后（JoJo 摄）

图8　街心广场改造前后（焦东子　摄）

图9 逢吉门改造前后（焦东子　摄）

三、两个片区——因地制宜的材料

以主街为界,涧西村的建筑风貌分为两个区域:北区为拥有五个清代古院落的历史风貌区,南区为20世纪80年代之后新建的生活生产区。北区建筑材料以"青砖、青瓦、白墙"为主,新建建筑形式与环境中的古建筑一致;南区建筑材料以"红砖、红瓦、土墙"为主,新建建筑、公共浴室,在保持与环境和谐的基础上,选择了现代形式来诠释红砖这一材料(图10~图13)。

四、三个节点——基于文脉

在"一街两区"风貌整理中,设计的原则是"复原",通过传统材料和形式的"重复"来重建人们对村落的共同想象。在景观节点的设计改造中,我们希望通过探索现代建筑语言对本土文脉的诠释,给涧西村增添一些亮点。

图10 历史风貌区与新建生活区材质对比(JoJo 摄)

图11　景区风貌梳理前后（JoJo　摄）

图12 北区村委会改造前后（马超 摄）

图13　南区街道改造前后（焦东子　摄）

（一）下沉广场

历史上曾负责供应整个村子生产生活用水的天雨湖在自来水入户之后荒废已久，自然生长出了一片杨树林。我们顺势把它做成下沉广场，保留原生杨树的同时也避免了大量的填方（图14、图15）。漂浮和缝隙的策略让雨水仍然自由渗透。零废弃的策略尊重曾经承载村民生活的一砖一瓦，把本已准备废弃的建筑垃圾保留下来变为满足形式和功能要求的优良建材，化为小岛和路径继续守护着这个小小的村庄。

图14　下沉广场改造前后（焦东子　摄）

图15 下沉广场夜景（焦东子 摄）

（二）公共浴室

位于新建生活区的公共浴室，在材料上延续了环境中红砖的纹理。功能由一个15m×8m×4.5m的立方体来容纳，空间的公共性与私密性通过不同空间的开口来界定：高于人视线的横窗定义私密的洗浴空间，镂空的红砖纹理、混凝土的入口邀请着村民进入其中的公共天井（图16、图17）。

（三）窑厂体验区

为了充分挖掘涧西村的旅游资源，丰富游览体验，在原涧西陶厂的基地上，我们建造了一个为游客提供服务信息及完整制陶体验的空间，由广灵县当地乡绅经营文创产业。整体的场地策略以保持堡墙的视觉连续性为原则，拆除了遮挡堡墙的建筑物。窑厂由6个拱形空间顺着地形分布，在前方围合出半开放的广场空间。连续的拱顶形式和后方窑洞相呼应，营造了有序开放的内部空间体验（图18、图19）。

图16 公共浴室改造前后（焦东子 摄）

图17 镂空的砖，模糊着内外的边界（焦东子 摄）

图18 窑厂体验区改造前后（焦东子 摄）

图19 窑厂体验区夜景（焦东子 摄）

五、写在设计之后

（一）源于生活，归于生活

建筑最动人的地方，在于它会成为人们生活的一部分。判断建筑是否适用的唯一标准，就是是否能被它的使用者接受。我们欣喜地看到，即便是现代的形式和材料，村民们也都以开放的态度将它们接纳进他们的生活，在新的空间里，大家产生了新的记忆（图20、图21）。

随着村子风貌的改变，村民们也变得自信了（图22、图23）。看到源源不断来到涧西村游览参观的游客，村民们都以居住在涧西自豪。热情的村民甚至会自发地给游客当起讲解员，讲述藏在村子各处的历史。

（二）社区营造

空间的改变是在相对短的时间里能完成的，而人们对于空间的归属感，是在一次次的互动中建立的（图24）。在设计建成后，我们将村子"还"给了村民——在乡建院驻村社工尤彦兵组织下，我们让原本就喜欢侍弄花草的村民们负责村庄中不同的区域。让村民们作为一个

图20　嬉戏的孩子（焦东子　摄）

图21　下象棋的村民（焦东子　摄）

图22　观音殿前的转角空间，午后的时光总是坐满了人（JoJo　摄）

图23　街心花园成了人们喜爱聚集的公共空间（焦东子　摄）

图24　村民聚在一起（焦东子　摄）

图25 村民自己种花种草（尤彦兵 摄）

集体去维持"内部"的空间秩序，就像整理自家客厅一样的自然，来增加大家对于公共空间的主人意识（图25）。

（三）材料的重生

每个项目点在更新的过程中，都会产生一定量的建筑垃圾。把难以降解的建筑垃圾再利用，变为满足形式和功能要求的优良建材，既避免重复采购降低了造价，同时就地利用减少了运输成本。在重建过程中拆除的建筑垃圾被重新应用，获得了新的生命力（图26~图29）。

（四）重建共同想象

共同想象，这一概念最先是由北京大学王昀老师在《向世界聚落学习》中提出的，指历史上的传统村落，由于交通不便、材料限制、建造传统规范等原因，使得村民和工匠有着共同的聚落想象，传统村落呈现和谐统一的样貌（图30）。在现代化的进程中，由于交通改善、新型材料涌现、建造传统丧失等原因，使得共同想象破灭，村庄呈现无序生长的状态。

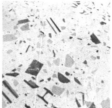

图26　下沉广场使用旧砖瓦作为水磨石骨料（孙久强　摄）

图27　拆下来的旧砖作为人行道的铺地（焦东子　摄）

图28　废旧钢筋建造保护涧西松及下沉广场的围栏（焦东子　摄）

图29　涧西特产的大瓮被改造为花盆点缀着村庄
（孙久强　摄）

图30　村中的工匠（JoJo　摄）

　　我们所进行的整村营造就是去重建共同想象：重新限定材料和构造做法，通过对屋面、墙身、楼梯等元素的类型化设计，框定村庄风貌的未来走向。在新的材料和构造的大框架下，村民会根据需求，发展出新的做法。只要重建了共同想象，村民就可以发挥自己的理解与想象，为村庄的面貌与精神注入新的活力，这会生长出一种"新的传统"。在每个村子的实践中，不仅把建筑实践视作一门艺术，也当作精准的科学，务实的商业，在不断的实践中精炼乡村复兴的策略——这是我们所理解的整村人居环境营造的适用之道。

项目信息

　　项目名称：涧西村人居环境改善项目

　　项目时间：2017年11月—2018年8月

　　整体设计：乡建院适用建筑工作室

　　业主：广灵县人民政府

　　面积：90000平方米（约140亩）

　　主持建筑师：孙久强

　　项目建筑师：颜洁铭，马超

　　设计团队：刘超群，马迪，王一晗，魏慧，任新，钱知洋，赵玉婷，孙志伟，胡彤，郑呈晨

　　地址：山西省广灵县壶泉镇涧西村

　　施工：大同市星兴建筑安装有限公司

规划及策划篇

房木生

乡村需要规划吗？

严格来说，传统意义上的"规划"，在乡村社区的改造中，是不需要的。经过了时间的打磨，人与自然的此消彼长、你进我退，还有人与人之间的相融相处及对生活生产的沉浸琢磨，每个乡村里面，在空间布局、产业布局等方面，都存有它自在生长的逻辑。因此，"规划"，这种自上而下的高高在上的视角，似乎就有点自大，有点官老爷进村的惺惺作态。

那么，乡村如何规划？我们认为，规划是在深入乡村并在地调研之后，在专业及政策高度层面进行既有低视角和高视角，从微观及宏观层面，对乡村振兴发展提出合理的计划。而不是带着我们已经在城市既定的老套视角，去指手画脚。乡村需要设计者仔细研读和学习，乡村有其特别的文化遗产和与自然相处的丰富经验，这些经验和文化，在我们的"规划"下，往往显得很脆弱，经受不住太多的"建设"。另外，乡村内部的人们，在经济及现代差异化生活当中，对其既有的文化及经验，也存在着检视的误区。所以，所谓的规划，其实是一种对乡村问题的学习、拷问并创意性地提出对乡村未来走向的平衡解决方案。

乡村在自在的生长过程中，由于受地理、信息、自然条件以及人群范围的局限，其空间的内容层次、品质及形式都表现得千变万化。而在如今的地球村全球化格局中，每个乡村可能都需要重新定位。这种定位，是乡村内部对应世界的新需求，也是乡村外部对乡村的新需求。而这种需求，也因为每个乡村所在的条件不同而表现出差异性。这种需求的差异性，随着乡村人口乡村精英阶层的流失，很难以以往自在生长的模式来得到有效正确的满足。

因此，规划，或者策划，在本阶段的乡村振兴乡村建设中，又变得很重要。当乡村已经慢慢在空心化、老龄化，内生动力已经不能支撑乡村的自在发展了，乡村需要外力来助推其新的振兴。不管是来自资本方的进入、政府层面的建设还是乡贤回来的建设，乡村新的建设，应该不能陷入一种盲目的无序发展状态。乡村需要规划，需要从新的需求出发，从未来的乡村生活生产生态定位，从策划的角度，重建再建具有魅力的故乡，延续乡愁，让计划有效指导新的建设。

房木生

土洋结合，内外共生
——三个乡村再造的策划和规划

　　基于中国乡村现在的处境，我们在接手乡村振兴的建设设计服务时，基本从如何将乡村原有的农耕渔牧业为主的产业结构，转向如何将第一、第三产业结合的方式介入策划和规划。以城乡共生的角度入手，让乡村与外面的世界产生强力的连接。换算成白话，即：土洋结合，借助外部力量，激发内生动力，让乡村振兴起来。

一、张湾村

　　武汉市黄陂区武湖农场滨湖分场张湾村，是我们工作室介入的第一个乡村振兴规划项目。村庄在武汉郊区，是一个国有农场的职工村落。在将原有农场土地重新规划为农事体验及观光游憩用地的上位规划之下，我们的任务，是负责村内的规划及实施落地项目。

　　我们认为，乡村最大的优势，还是乡村其本身特有的田园及自然特点，以及在农耕等传统生产生活中沉淀下来的文化。因此，在规划主题中，结合原来农场的历史，我们提出"田园公社"这样一个既有田园耕作又有集体生产生活的意象主题。

田园公社，保留原有村内建筑街巷格局，精心地保留原来自建的附建建筑，让街巷和邻里之间有更为亲密的连接，风貌上保留丰富性和统一性。与其他地方的做法一样，在合适的地方，增加诸如舞台、亭廊、公厕等公共空间，让社区形成多层次的生活场所。

在张湾村规划上的一大特色，是我们从村民们房前屋后种植菜地的现象中得到的启示：生产性景观的规划。出于生活的方便，更是出于生产与生活的紧密联系，中国传统乡村的房前屋后，免不了种植蔬菜水果，除了有限的观赏性植物，比如桂花、竹子、樟树、茶花等，乡村的农宅前后，往往都会种上"有用"的植物。比如果树，杏、李、桃、柿、梨、枣、枇杷、柑橘、木瓜、芒果……比如蔬菜，豆、青菜、白菜、芹菜、丝瓜、葫芦、南瓜、苦瓜……还有调味菜，大葱、小葱、大蒜、薄荷、辣椒、姜、茴香、香菜……纯观赏性的植物，是很少的，乡村的种植，似乎都是以"有用"为第一原则，观赏性的"有用"，放在后面。这种习惯，往往也影响了进城住上别墅有院子花园的人们，别墅物业往往在抱怨：别墅院落往往被搞成了菜地……

张湾村落内，也是一样，房前屋后每一块不大的土地，都被居民充分利用了起来，种上了果树和蔬菜。作为设计师，我们很注重从生活中吸取营养，并以此为出发点，发展高于生活的设计。张湾的街道，我们顺其自然，把居民自己耕作出来的菜地田地以及剩下的部分土地，定义为生产性景观，介入很小的动作，让现有的菜地成为美丽的仍可生产的景观；把原来建设但没用的场地规划为体验性稻田；把房前的水塘，规划为生产性的荷塘；把一片苗圃用地，规划为体验性果园……一切都是景观，一切都是生产性的田园。我们提出：现有的

菜地果树，已经就是我们图画中的"图"，我们设计师增添的部分，只是这些"图"的"图框"。所谓"三分画七分裱"，通过设计的"画框"介入，让普通的生产性田地成为美丽的景观。

顺着这样的思路，我们将村外的水杉林，设计了停车场后，顺便规划了树下乐园。

张湾村的规划，是一个典型的乡村社区空间更新型规划（图1~图12）。

- 利用高差设台地稻田，既有生产价值，又有观赏价值。田埂（矮墙）多选用本土材料，如碎石块、带孔砖、瓦片、老旧青砖等。
- 田中有简易水车，可通过踩水车浇灌稻田，既实用，又富有乐趣。东南角设置休息亭，亭与荷塘边木栈道相连。
- 利用围栏既种植围合现状电力设施，避免游人近距离接触发生危险。

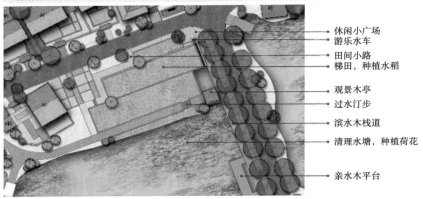

休闲小广场
游乐水车

田间小路
梯田，种植水稻

观景木亭
过水汀步
滨水木栈道

清理水塘，种植荷花

亲水木平台

图1　张湾 生产性景观的规划

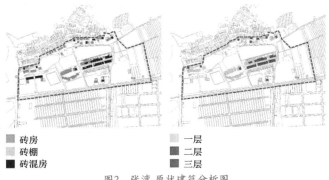

■ 砖房　　　　　　□ 一层
□ 砖棚　　　　　　■ 二层
■ 砖混房　　　　　■ 三层

图2　张湾 原状建筑分析图

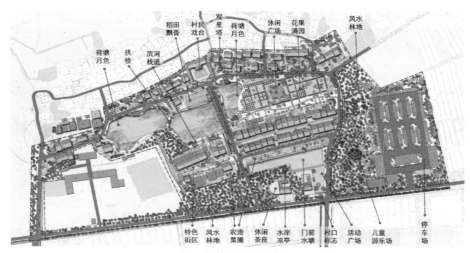

荷塘
月色
拱
桥
滨河
栈道
稻田
飘香
村民
戏台
观
星
塔
荷塘
月色
休闲
广场
花果
满园
风水
林地

特色
街区
风水
林地
农湾
菜圃
休闲
茶座
水岸
凉亭
门前
水塘
村口
标志
活动
广场
儿童
游乐场
停
车
场

图3 张湾 规划项目总平面

村民戏台,
改造水塔

部分保留现状紫薇,
增加果树

阶梯稻田

清理河塘,
增加栈道

完善街区

设停
车场

增加、完善菜圃、
清理河塘

保留现状水杉林(风水林),设标志

图4 张湾 规划设计策略图

- 村口标志——采用乡土材料建造，立与村口广场上，是村庄的标志，也具有引导作用。

图5 张湾 规划村口标志

- 保留现状树，用砖、石、木等材料划分菜畦，菜畦高低起伏。滨河设置彩色玻璃钢格栅小路，连接两个伸人水中的木平台。菜畦中部分小路也可用玻璃钢格栅，使彩色的材料掩映在菜畦中。菜畦与北侧道路间及相邻两家的菜畦间设置竹篱笆，既美观又实用。
- 菜圃中增加特色家具棚、杀虫装置等。方案中其余菜圃均可参照此处，硬质面积可适当增减。
- 清理水塘，保留自然河岸，提升水质，保留现状"小岛"，水边及岛上可种植菱白、菖蒲等水生植物。
- 将室外厕所改成不等坡的坡屋顶建筑，檐下南侧放置农具、柴火等。

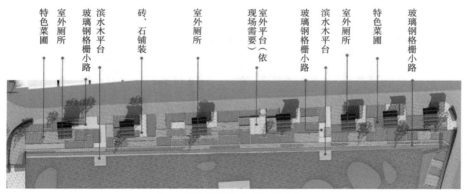

图6 张湾 规划菜地设计详图平面

- 菜园中的小路可有起有伏，增加趣味性。砖田埂（矮墙）也高低错落，丰富景观层次。

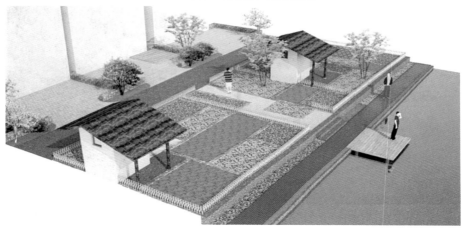

图7 张湾 规划菜地效果

- 西部恢复部分水面，并种植荷花。部分保留现状紫薇，形成规则种植斑块，（斑块大小10m×10m~15m×15m）其中间隔种植果树，如苹果树、梨树、桃树、柿子树、枇杷树、石榴树等，营造既可观可玩，又有实用功能的果园景观。
- 地面散铺蓝灰色碎石，可随意穿行。果园中间设置圆形休息场地，以果树围合，其间散布置石，可观可坐。整个场地要求生态透水，无硬质化铺装。

| 局部恢复水面，形成荷塘，水边设置亲水平台 | 保留现状行列式的紫薇林，补植果树 | 果园周边空地设置菜园 | 林中形成开敞活动场地，周边点缀景石、植物 | 下层补植灌木，增加石板小路，围合多样的空间 | 结合民宅出入口设置木栈道，形成空间过渡 |

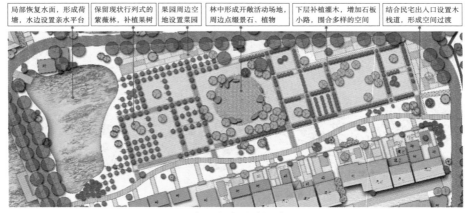

图8 张湾 果园规划

图9　张湾 兼顾观赏及生产的稻田

亲水　菜　荷　　保留现状　拱　荷　　滨水　台地　　亲水
木平台　园　塘　　水杉林　桥　塘　　木栈道　稻田　　木平台

图10　张湾 荷塘规划平面图

图11　张湾改造为荷塘的水塘

图12　张湾村庄规划局部鸟瞰图

这种规划，需要设计师学习本地人的生产生活行为形态，在此基础上做出在地性而实用的发展策略，用设计师专业的视野，连接村庄与外界，村庄的历史与未来。

二、土峪村

土峪村，是我们在山东淄博做试点振兴的其中一个山村（图13）。

村离城很近，十几分钟的车程，空气质量却相差很远。站在蓝天下的土峪山头，望向不远处城市上空漂浮的灰色雾霾，你会觉得有一种虚幻感，人间与天上，距离不太遥远。

土峪村的房子沿着一条山沟两边顺山而建，在上一级的山沟转弯处，立着一座石头建造的天主教堂。德国人投资，美国教父王若瑟始建于1885年（清光绪十一年）。哥特式的教堂，与高低错落的石头民房，以及白石古道、风泉古柳、苍翠山岭等一起，形成了独具特色的土峪山村。

图13　土峪村整体风貌

　　我们的工作，从建立合作社开始，调研规划，整治景观，收储房屋，实施样板改建……建设的部分，是从规划设计开始的。

　　首先，是定位。一个近城的山村，已经有50多户城市里来的"外来户"入住村里，作为城市生活的第二居所。很自然地，我们将这个村子定位为"近城山居"。将废弃的民宅，收储到合作社里，形成一个对接的平台，然后对接外面对乡村宅基地有需求的乡贤和城里人，在这个基础上进行建设，让这个村庄重新振兴起来。

　　其次，是挖掘内涵。也就是在地挖掘村庄的"土"这部分，只有立足根源，坚守本土，让自己的特色鲜明地得到展示，才能在这个快速变换的世界中得到露脸的机会。除了教堂，我们将风泉、古道等原来就有的古迹，结合规划出来的新景点，重新命名，形成"土峪十八景"（图14）：土峪花田、石门迎宾、荷香四溢、断崖晨曦、清泉石流、风起泉涌、教堂钟声、圣泉杏荫、古道白雪、云高石洞、西岭叠翠……让新旧的景点，在其中串联凸显出来，成为可居可游的场所。

　　最后，建设样板项目。这些样板项目，一部分是基础性的公共项目，一部分是

土峪十八景：
❶土峪花田
❷石门迎宾
❸荷香四溢
❹断崖晨曦
❺山谷蔬鲜
❻清泉石流
❼水岸童趣
❽土峪飘香
❾柳岸闻莺
❿风起泉涌
⓫教堂钟声
⓬石台唱晚
⓭池塘蛙鸣
⓮圣泉杏荫
⓯古道白雪
⓰东山石庙
⓱西岭叠翠
⓲云高石洞

图14　土峪村规划18景

可对接经营的诸如民宿、餐厅等设施。根据村落的格局，我们将这些样板项目尽量分散在村庄各处，形成老村落的新"种子"，以此来影响周边的街区景观。同时，我们规划了一条贯穿整个村落的步行线路，把废弃的空间改造为水景，将各处样板项目串联起来。这些样板，有民宿、餐厅、舞台、入住新村民的样板院落、村民休憩场、村标、花田等。

　　乡村振兴是个巨大的工程，每个村庄，所需投入的金钱及人力物力，都可能是巨大的数目。而规划，并做出小部分的样板，以此来"引爆"村庄的发展势头，是我们在土峪这个村庄，一年的服务期内能做的事情（图15~图19）。

　　事实上，这个村庄，在一年中，已经发生了极大的变化。

图15　土峪村舞台及小市场空间的规划

图16　土峪村一处废弃空间的规划

图17　土峪村建成的舞台

图18 由废弃空间改建的公共休憩平台　　图19 土峪村由老房子改加建的民宿空间

三、雷屯

雷屯，是广西靖西市化峒镇八德行政村底下的一个小自然村。背山面水，绿树环绕，有梯田层层。村庄内部，却是密密实实的房子，现代的钢筋混凝土平顶民宅，留下窄窄的街巷空间。

好在村口，有硕大的榕树，低处有一个平整的广场，进村有桥，河流自然，好一派田园风光。

基于在这个壮族村庄的观察与考察，我们提出"到雷屯来过大节"这样一个主题，并围绕着这个主题进行相关的规划与设计。

少数民族村民特有的好客，加上壮族本民族自己的节日和国家规定节假日，在雷屯，过节的氛围似乎特别浓厚。我们亲见村民们高效合作，在很短时间内准备出了一台很棒的集体晚宴和节目。

一切坚固的东西终将烟消云散。在乡村，真正能振兴的，还是"软件"：产业、合作社、文化氛围、人与人之间的关系……设计师设计的硬件设施，只不过是承载这些软件的辅助部分。我们在规划策划乡村振兴的发展时，应当清醒地认清这种软硬件之间的关系，软硬件结合，土洋结合，才能真正发挥规划策划真正的作用（图20~图28）。

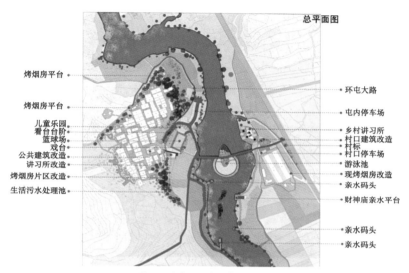

总平面图

烤烟房平台
烤烟房平台
儿童乐园
看台台阶
篮球场
戏台
公共建筑改造
讲习所改造
烤烟房片区改造
生活污水处理池

环屯大路
屯内停车场
乡村讲习所
村口建筑改造
村标
村口停车场
游泳池
现烤烟房改造
亲水码头
财神庙亲水平台
亲水码头
亲水码头

图20　雷屯 规划设计总平面图

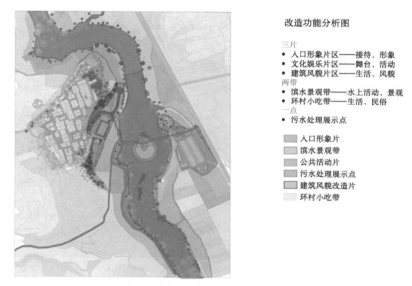

改造功能分析图

三片
● 人口形象片区——接待、形象
● 文化娱乐片区——舞台、活动
● 建筑风貌片区——生活、风貌
两带
● 滨水景观带——水上活动、景观
● 环村小吃带——生活、民俗
一点
● 污水处理展示点

　人口形象片
　滨水景观带
　公共活动片
　污水处理展示点
　建筑风貌改造片
　环村小吃带

图21　雷屯 规划设计功能分区平面图

图22　雷屯 规划设计鸟瞰图1

图23　雷屯 规划设计鸟瞰图2

图24　规划设计的村庄入口

图25　规划设计的自然泳池

图26　规划设计的水边景观

图27　规划设计的节庆广场

图28 规划设计的节庆舞台夜景

　　雷屯的硬件规划，首先是围绕过节，将广场的功能设施进行完善。舞台、民俗展厅、观礼台、游戏场等，结合现有的篮球场，给规划成一个功能完善、形态突出优美的场所。其次，完善村内的公共设施，整治风貌，拟建设一条环形道路，串起将烤烟房等废弃房子改造成的咖啡店、民宿、餐厅等设施，让村内实现"开放"。最后，在村外

进行扩展设施的完善。比如在河流中间设置自然河流泳池、在村口设置乡村服务中心及村标、完善田园森林游览步道等。

这几年，我们在中国各地规划设计了很多村庄。每个村庄的问题及发展方向，都会有所不同。相同的一点，是现在的乡村，随着人口特别是人才流向城市，其内生动力已经远远不足以重新振兴了。我们需要做的，是如何激发内生动力。所用的办法，首先是建立内置金融合作社，把乡村组织起来；引进外力，把乡村建设起来；软硬件结合，把乡村经营起来。其次，在面对实际村庄时，根据不同的情况条件，用创意进行不同的策划规划，在乡村实打实地进行工作。

行，胜于言。

项目信息

项目名称：湖北省武汉市黄陂区张湾村、山东省淄博市淄川区土峪村、广西壮族自治区靖西市雷屯三村规划设计

项目时间：2015年2月—2018年11月

整体设计：乡建院城乡共生工作室、房木生景观设计（北京）有限公司

业主：武汉市黄陂区张湾村、淄博市淄川区土峪村、靖西市雷屯相关政府

主持设计师：房木生、吴云、苏亚玲

设计团队：房木生、吴云、苏亚玲、翟娜、刘双、蔡丽平、马家乐、刘文雯

地址：武汉市黄陂区张湾村、淄博市淄川区土峪村、靖西市雷屯

乡村可持续发展工作室

系统乡建，规划先行
——以山西省岢岚县宋家沟村系统乡建规划实践为例

随着不同地域的城市化和逆城市化进程的加快，中国当前的乡村呈现了多样化的发展特点，包括江浙地区连片美丽乡村建设为典型的多元化发展阶段，占国土面积15%的11个集中连片特困地区村庄的传统自然经济阶段，全国大部分村庄以沿交通逐渐呈集聚式发展的农业产业化阶段。中国乡村发展问题是个系统问题，总体上来看，当前的广大乡村地区人口流失、老龄化及空心村的现象十分突出，村集体组织力量、村集体经济以及村庄文化等各方面亟须强化和升级转型。

尽管中国农村差异性大，但村庄的演变规律大体分为三类：①10%的城郊村，这部分村庄是会被规划成为城市的一部分的，其发展必须依据规划来，村民最佳策略是维持共同体体制不变，抱团进城发展。②30%的中心村，这部分村庄因为地理位置和资源状况不错，人口会增加，会植入新业态，服务业主业化、农业副业化是趋势，如养老村、民俗村、养生村等。这30%的村庄，最佳策略是重建村民村社共同体，把村民再组织起

来，把资源资产资金集约经营起来，让产权交易起来，把村规民约立起来，把环境和基础设施搞好，通过乡建院这样的专业机构协作村民做策划、规划、设计及陪伴实施，让村庄成为一个开放的创业和生活平台。③60%的空心村，是指人口越来越少的村庄。这部分村庄重点要研究如何以村社内置金融为切入点将资源资产等整合并金融化。一方面，实施农业主体再造，创新村民共同体主导的统分结合、双层经营体制机制，发展规模农业；另一方面，将村集体建设用地"漂移"到中心村"异地发展"集体经济。不过，土地"漂移"异地发展需要政策创新支持。

　　山西省忻州市岢岚县是国家级贫困县，全县202个村庄，8.5万人（图1~图5）。其中有贫困村116个，农村贫困人口1.37万人，占乡村总人口20.5%，全县乡村常住人口仅2.46万人，在2006~2014年近10年间减少了1.5万人，平均每个村庄人口规模仅为125人，60岁以上的老年人占乡村总人口的比重高达40%，这意味着岢岚将有很大一部分村庄在未来20

图1　宋家沟村规划平面图

年内面临着人口迅速减少甚至彻底消亡的命运。2016年岢岚县的扶贫攻坚工作进入了关键时期，乡村建设成为了助力岢岚县脱贫攻坚的有力武器。2016年7月，岢岚县将除6个城中村外的196个村庄进行村庄迁并、行政合并，最终形成18个重点村、58个中心村共76个村庄，涉及现状116个村庄，撤并80个村，从数据上统计，保留的重点村占总村庄的9%，中心

图2　宋家沟村1

图3　宋家沟村2

图4　岢岚农村中的老窑洞

图5　村庄中独居的老人

村占29%，撤并村占40%，与中国目前的"631"乡村发展规律基本吻合。

岢岚县将实际保留的116个村庄，除去5个留编不留人村和不属于整治范围的王家岔乡7个村庄，共104个村庄分类成创卫标准村（A类村庄）、专项整治型（B类村庄）、综合整治型（C类村庄）三种类型村庄。其中A类村庄1个，B类村庄4个，C类村庄99个。通过农房改造工程、公共设施建设工程、农村环境整治工程、设施完善提质工程四大工程，共13项整治内容，进行整体的提升改造。乡建院主要参与的是岢岚县重点村及中心村的整治设计，其中宋家沟村是2017年6月21日习近平总书记到过的村庄，他在这听取了岢岚县精准扶贫工作及易地扶贫搬迁整体情况介绍，了解了宋家沟新村规划及建设情况。

岢岚县按照山西省委易地搬迁"六环联动"的部署，精准识别16个行政村，457户1065人需易地搬迁。根据全县易地搬迁规划，确定宋家沟村为全县"1+8"安置计划之一的中心集镇，宋家沟村中心集镇安置145户265人，分散安置11户23人（图6）。

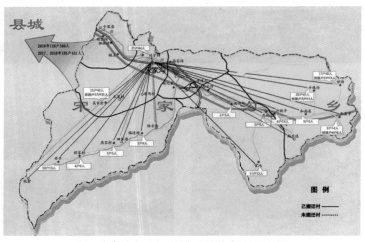

图6　宋家沟乡"十三五"易地扶贫搬迁规划图

宋家沟村位于进入岢岚县城和王家岔宋长城旅游区的必经之路方向，是宋家沟乡乡政府所在地，交通区位优势突出。我们在规划中明确宋家沟村可依托重要节点位置实现沟域旅游集散功能，结合自身气候特点和建筑风貌格局，近期以完善自身公共服务设施和基础设施为主，解决安置群众和常住居民的基本生活生产问题，远期建设具有特色标识性的沟域旅游形象展示区，景区门户及旅游服务区。

宋家沟村近期建设关键是优先做好搬迁并村的村民安置工作，想办法向现状凋零破败的村庄要建设土地。中国乡村地区零散建设用地多，分布广，每个看似凋零的村庄内部都有闲置的房屋和已在城市中安家的农户宅基地，怎么将这些土地资源用起来，首先得摸家底，明晰房屋使用信息和集体公共用地。村庄规划必须基于符合实际土地权属情况的村庄空间分析，才能制订出既满足岢岚乡村整治目标又能真正落地的系统乡建规划设计方案。

宋家沟村系统乡建规划重点突出四大特点：

（1）村庄整体建设的均等化标准，具体包括补偿标准，建房标准，建筑风貌，配套基础设施（图7~图10）。

图7　宋家沟村改造前老村街道

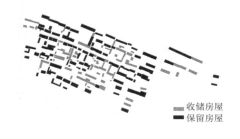

■收储房屋
■保留房屋

图8　宋家沟村房屋收储规划方案

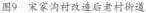

图9 宋家沟村改造后老村街道　　　图10 宋家沟村改造后老村街道（夜景）

• 统一制定补偿标准，收储闲置废弃房屋81处，5845平方米，宅基地17020平方米，作为移民安置的建设用地，安置的移民实现搬迁不举债，直接入住。

• 统一建房标准，分6个区安置，总用地25.5亩，建筑面积5300平方米。

• 统一建筑风貌，对全村206户原有居民，15处公共建筑，29200平方米的旧房屋进行提升改造。

• 统一配套基础设施和公共服务，对全村管线、污水、道路、广场、公厕、澡堂、村委会、文化大院、绿化景观等进行新建或改造提升。

项目实施建成后，移民安置区与老村有机融合在一起，共同形成了新的村庄肌理；当地原住民的住房条件得到改善，村庄环境整洁干净，基础设施完善；利用村庄内收储的宅基地重新规划的公共广场为新村民提供了更多交流和活动空间；废弃的公共建筑如今形成了村庄主要向外展示过去历史记忆的窗口（图11~图14）。宋家沟村连同全岢岚县域其他20个村通过摸家底整理出来的富余村庄集体建设用地指标通过土地"漂移"至太原等城市，获取的增减挂钩费用返回村庄成为改造建设项目的部分组成资金。

图11　改造后的宋家沟村平面图

图12　改造后的宋家沟村院落街巷

图13　收储房屋后新建的三棵树广场

（2）集中力量解决整治实际问题：紧密围绕村庄整治标准开展建设，形成明确的建设目标，精准计算实施费用，解决当前村民最需要解决的问题，适当结合村民诉求和远期村庄发展建设方向设置建设内容（表1）。

图14　旧公社改造的村史馆

宋家沟村整治建设内容一览表　　　　　表1

硬性建设目标	村民建设诉求	远期村庄发展建设需求
1. 危房改造		
2. 移民安置		1. 粗粮加工体验场所
		2. 土特产销售场所
3. 现状房屋外墙整治、主要街道立面整治		3. 村庄特色品牌文创基地
		4. 旅游集散中心
4. 新建文化活动中心、公共浴室、公厕、畜牧集中养殖场、垃圾箱、密闭转运点	1. 延续村庄地方特色建筑风貌和村庄记忆 2. 打造村庄特色 3. 增加老人和儿童交流空间	5. 集中停车场 6. 团体民宿酒店 7. 团体餐饮服务 8. 村庄导览指示牌
5. 新建给水管网、污水处理设施、污水管网、太阳能照明，完善电信设施		9. 老年食堂 10. 老年人用品销售场所 11. 老年文化中心
6. 新建村标、广场、休闲绿地，主要街道绿化改造		12. 儿童交流场所 13. 家庭型养老住宿 14. 家庭亲子活动体验区
7. 完善道路交通系统、道路沥青路面，街巷道路硬化		
8. 河道整理，防洪堤坝整治		

　　针对宋家沟村新旧建筑结合的特点，新建村庄的管网系统，地上管线全部入地，地下管道容量充分考虑远期人口和旅游发展需求，建立检查井和管网标识，方便后期维护和检修。新建安置房屋从移民安置的老年人群和未来发展养老旅游用于短期出租的角度进行多户型设计，每个户型设置厨房，厕所采用水冲式马桶，小院落格局满足家庭康养需求（图15~图21）。

图15　村庄改造建设过程中的管线施工现场

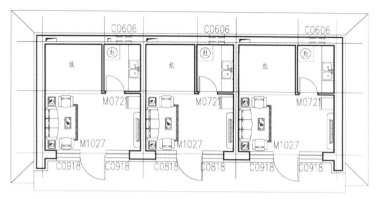

图16 新建20平方米三户联排户型

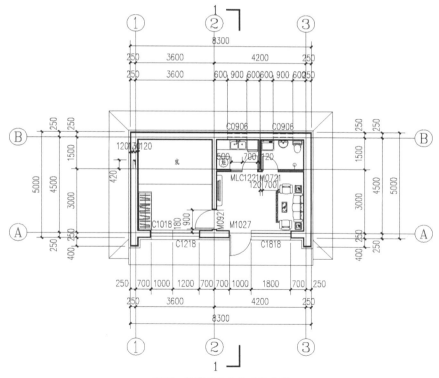

图17 新建40平方米安置户型

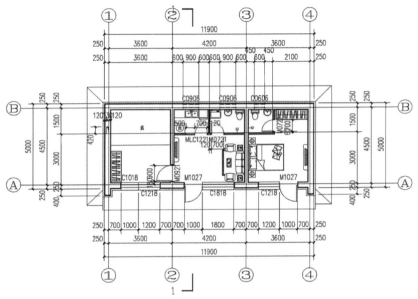

图18 新建60平方米安置户型

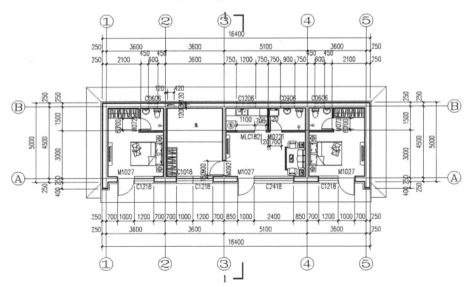

图19 新建80平方米安置户型

图20 新建80平方米安置户型效果模型

图21 住在新建安置房中的新村民

2018年6月21日，宋家沟荣获国家级3A景区，《岢岚乡村旅游季》第一季在宋家沟村开幕，开始两天就迎来了2万多名游客。宋家沟村很多超前和人性化的规划设计让这次旅游季完美落幕，接受了游客的检验，比如随处可坐符合人体尺度的石阶，以巧手坊为典型的特色文创基地，满足游客住宿和餐饮的兰花花客栈，干净卫生的旅游厕所等（图22~图25）。

图22 巧手坊文创基地作品

图23 公共浴室及厕所

图24 夏天孩子们可以肆意玩耍的村内水景

图25 随处可坐的40厘米石阶高度

（3）深入挖掘文化和地方建筑特点：延续村庄建筑风格元素，深入挖掘宋文化，建立村庄特色品牌文化。

宋家沟村邻近宋长城，古时更是由于宋家军的原因改成了宋家沟的村名，村庄内部保留的传统建筑可利用元素比较多，在挖掘村庄特色建筑风貌时着重体现宋朝尚意的文化特点，凸显出宋朝边塞驻军传统村落的整体风貌，在整体村标设计和导览系统中挖掘"宋"字在宋代小篆的书写手法，体现对美好生活的向往和创新开拓的村庄文化。

以村标"宋家沟"为代表的村庄品牌文化在村庄建成后逐步往体现宋朝边塞村落发展；村庄设计尊重本地建筑元素应用，多采用原址原貌新建、原址原貌修复、遗址原貌重建等设计方法，实际建设过程中由本地建筑工匠主导工艺，建成后呈现出独具西北古朴民居的整体传统村落风貌特点（图26~图29）。

图26　当地建筑匠人参与村庄改造建设

图27　以村标"宋家沟"为代表以体现宋朝边塞村落的村庄品牌文化

图28　独具西北古朴民居的整体传统村落风貌

图29　采用原址原貌重建的村史馆建筑

（4）系统乡建三大要素同步推进：规划设计建设乡村，内置合作金融组织乡村，社区营造经营乡村，最终实现村民自主管理。

围绕村庄定位和产业目标，规划设计建设过程中提供场地空间和可落地的实施设计，村庄内部设置合作金融将村民组织起来，通过组织乡村、建设乡村、经营乡村、管理乡村来探索可持续的精准扶贫模式，增强村民主体性建设，建设村社共同体。建设完成后植入社区营造团队，协助村庄发现更深的价值，协助村庄培育当地乡建者，实现村民自主管理。

从2017年项目建设启动开始几乎同步由乡建院协助建立的宋家沟连心惠农扶贫互助合作社内置金融合作社（图30），到2018年底一直运行良好，重点解决了宋家沟村新旧村民重组后发展内生动力不足的问题，使搬迁安置的村民由"要我发展"变成"我要发展"，切实解决村级组织供给无效和金融供给无效的问题，提升村两委组织和服务农民的能力，重建了村社体系。

社区营造工作组在项目建设完成后承担驻村陪伴式服务，工作目标是为了调动村民的自主性、激发村民内生动力，为宋家沟村留下一支懂

图30　宋家沟连心惠农扶贫互助合作社内置金融合作社

农业、爱农民、建农村的在地乡村建设团队。在陪伴宋家沟村成长的一年半时间里，乡建院社区营造工作组见证了村民的不信任到现在的团结凝聚，重塑了村庄的文化自信，寻找到一个又一个能带领村庄发展的能人，乡建院建设的协作者之家真正成了宋家沟村的社区活动公共空间，社区骨干和各种妇女兴趣小组在村庄内积极开展活动，宋家沟村呈现出从来没有过的活力和村民新面貌（图31~图33）。

图31　协作者之家——村民社区公共活动空间

图32　孩子们在协作者之家学习

图33　村庄里的剪纸能人

如今的岢岚，其他村庄改造的建设还在继续，王家岔旅游扶贫项目也在如火如荼地开展，宋家沟的故事越说越精彩，乡建院在全国各地开展的系统乡建规划实践证明，高站位的系统规划是基础，但错综复杂的乡村社会振兴绝不是村庄规划设计能解决的问题，我们相信中国当前的乡村振兴蓝图将会是社会全力量参与的一次最伟大的规划实践。

项目信息

项目地点：山西省忻州市岢岚县宋家沟乡

业主：岢岚县住房保障和城乡建设管理局

项目设计：乡建院乡村持续发展工作室

项目主持：彭涛

设计团队：彭自新、李明初、贾海鹏、高璐璐、张丽媛、肖明哲、白严严、王俊堡、陈菲菲、严景业、赵文华、刘凌燕、姚智勇、杨建飞、张飞、邓传禧、傅斯频、凌珂、龚梦泽、彭招、门鹏飞、刘飞

设计时间：2017年2月—2017年6月

建造时间：2017年3月—2017年6月

设计范畴：规划、建筑、景观、室内、照明、市政

低的是美好的
——低技术乡村营造实践

陶虹屹　孙久强

　　我们生活在日渐虚拟化的世界。巨大的系统给我们提供安全、稳定的生活，但这个系统外部化了其运行的成本，于是身在其中的我们看不见、感受不到自己行为的后果，我们也很难觉知现在舒适的生活可能是以牺牲部分人的安全、透支未来的环境作为交换的。这是现实，社会在高速发展，但发展的快慢不一拉开了社会的裂痕。历史上，分散的乡村在社会变革中相对人口集中的城市总是慢几拍。基于这种不同，从百年前开始的中国乡村建设，实践者们思考着乡村是否有不一样的发展路径，是否能够进行渐进而可持续的改变。站在发展的裂痕里，亲身参与体验，我们也许能看见更真实的现实，也能发现更真实的自己。这样的发现和反思，是低技术的出发点。

　　以食物为例，稳定的食物供应对城市是理所当然的事情，我们打开手机便可以挑选天南地北的美食，各种餐厅的发展也日新月异。而作为食物生产地的乡村，是以年为单位来进行食物的耕种和饮食规划。不同的时空认知，塑造了不同的生活方式，乡村的生活从房屋的建造到每一餐饭的准备总是就地取材，形成了区域性自给自足的特点。这种自给自足，以现代化的经济发展角度衡量也许是封闭落后，但从可持续的视角，我们能看见多样性的生态和人类文明和智慧的丰富和深刻。

一、低技术的多样性

"价格低廉，基本上人人可以享有；适合于小规模运用；适应人类的创造需要。"这是英国经济学家E.F.舒马赫在《小的是美好的》中总结的"适用技术（Appropriate Technology）"的基本特点。适用技术能够更合理利用在地资源，减少对不可再生资源的消耗以及环境污染，并能够通过大部分人参与活动和分享利益来推动社会进步，有助于地方分权和民主自治，使人得到全面的发展，而不是成为机器的奴隶。

适用技术理论和实践自20世纪60年代开始，被各类绿色和可持续运动吸收和发展，至今在世界各地都能遇见这种理念的实践。我在进入当代乡村建设之初便接触到了舒马赫的适用技术和佛教经济学理论，自2012年起从生态农业、自然建筑、社区营造等角度进行了适用技术的探索，希望能探索出适用于当代乡村可持续生活的技术体系。由于适用技术不局限于具体的技术，其内涵和外延随着时间和空间的变化也在不断变化，以下仅以低技术团队及我个人经历参与过的一些项目作为论述。

人类以生土为主要材料的搭建可追溯上万年，直接从地下挖出来，经过简单的机械加工便可当作建筑材料。草土团（Cob）作为生土建造中相对简单的一种方式，只需将土、沙、草按一定比例用水混合，用人力便可成为非常容易塑形的草土团。草土团可以用作房屋墙

体的建造，也可以用作许多小型的项目，如面包窑、雕塑、围墙等的材料。在世界各地的生态村和自然建筑的项目中大都能见到草土团的身影。由于对土的热爱深植于人类的记忆，而且土团对没有施工经验的人非常容易上手，既简单又很有趣，我在过去几年曾参与组织过几次以草土为主的建造工作营。工作营中，营员们脱掉鞋，光脚混合草和土，用手揉成泥团并传递，再砌成想象的造型。参与式的营建没有专业的分工，像小朋友的过家家，却能获得人本性中的成就感和心手合一的幸福。在开阔、自然、放松的乡村环境中，这样的协作使个人与他人、与自然环境、与当地乡村社会有了更多的联结（图1~图9）。

图1　建造草土面包窑，2013年"永续生活工作营"，于北京小毛驴市民农园（江南　摄）

植物在人类建造史上也有很重要的地位。在缺乏金属连接件的时代，要搭建出一个空间，最简单的方式是将多根木头或竹子相互搭接捆绑起来，形成稳定的互承结构

图2　混合草土，2016年低技术建造工作营，于河北易县狼牙山东西水村（马超　摄）

图3　测试草土团，2016年低技术建造工作营，于河北易县狼牙山东西水村（马超　摄）

图4 制作土砖，2016年低技术建造工作营，于河北易县狼牙山东西水村（马超 摄）

图5 草土团搭建的火箭炕，2016年低技术建造工作营，于河北易县狼牙山东西水村（马超 摄）

图6 草土砖房屋搭建，2017年自然建筑工作营，于泰国清迈Pun Pun有机农场（陶虹屹）

图7 土砖制作，2017年自然建筑工作营，于泰国清迈Pun Pun有机农场（陶虹屹 摄）

图8 草土砖搭建的生土建筑，于泰国清迈Pun Pun有机农场（陶虹屹 摄）

图9 草土砖搭建的生土建筑，于泰国清迈Pun Pun有机农场（陶虹屹 摄）

（Reciprocal Frame）。互承结构能用小构件，承受一定跨度的荷载，而且形式还能不断变换：在印第安人的Tipi帐篷、游牧民族的蒙古包以及清明上河图中的虹桥中，皆能发现互承结构的使用。随着文明的推进和技术的发展，人类对互承结构的理解和使用也越发精准和多样。我对互承结构的兴趣，源于参与北京流火帐篷剧团的网格穹顶（Geodesic Dome）剧场搭建。网格穹顶结构由20世纪美国建筑大师富勒（Richard Buckminster Fuller）重新设计并推广，为大众所知，由于其节省材料、易于搭建的特点，以及"以少获取最多"的理念，一度成为嬉皮士们回归土地自己动手搭建房屋的首选结构。而在帐篷戏剧中，导演樱井大造先生组织来自不同行业的非专业演员，一同工作搭建剧场，制作道具。由于参与的人体力和施工经验不同，又需要采用一种较为简单而且参与性强的搭建方式，于是采用网格穹顶作为剧场结构。网格穹顶以三角网格为基本单元的近球面网壳结构，结构均匀性强，各杆件几乎均等受力，以最少的材料搭建出了最大的空间，这样的特点给帐篷戏剧提供了非常多样的舞台装置的变换可能性（图10~图13）。

纵观全球自然建筑以及适用技术的实践中，大部分都是以自给自足为目标，这种再部落化的趋势源于一种对现代全球化和工业化的反

图10　穹顶剧场搭建，2014年于小毛驴市民农园（王超　摄）

图11　穹顶剧场搭建，2015年于日本立川（李君兰　摄）

图12　帐蓬戏剧，2015年于日本立川　　　　　图13　帐蓬戏剧，2015年于北京门头沟

思，旨在探索人类社会在面临极端条件下的出路。其中比较著名的是源于美国沙漠中诞生的大地之舟（Earthship）。美国建筑师麦克·莱诺兹（Michael Reynolds）于美国西南部新墨西哥州的沙漠地带，利用现代社会的各种废弃物，建造从能源、水到食物完全自给自足的房子。我曾在澳大利亚新南威尔士州的Billen Cliffs生态村参与了一座大地之舟的设计工作。大地之舟的整个房子是个封闭系统，充分利用自然资源实现舒适的生活，其中包括了雨水收集和水循环系统，太阳能系统以及被动式温度调节系统。大地之舟的向阳面连接一个温室，夏季，温室种植茂盛的作物遮挡阳光，为室内降温；冬季则让阳光照进房间，通过阴面厚实的土墙虚热，为室内提供稳定的温度。而温室的作物又可作为室内用水的过滤系统，达到水的循环使用（图14）。

从草土的面包窑、互承结构的网格穹顶以及完全自给自足的大地之舟，我们可以通过低技术看到乡村丰富的可能性，这种可能性源于我们对生活的热爱、对自然的好奇以及对未来的希望，这些是我认为在当代乡村建设中参与者内心的动力来源。这样乡村才不会只有老弱病残，从而逐渐衰败，对生活的热情则能促使乡建实践者不断地进行探索和尝试，而多样性能激发乡村的活力。

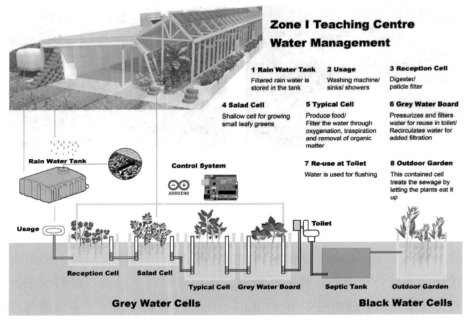

图14　大地之舟水循环系统，2017年于澳洲Billen Cliffs生态村（陶虹屹　绘）

二、作为媒介的低技术

我们探索低技术的过程大都是以工作营的形式开始，目的是希望社会各界多样化地参与。进入工作营，大家一起劳动，放下了在社会中的各种身份和标签，每个人以真实的自己与他人协作和沟通，也让自己真实地体验作为生物在自然中面对衣食住行等最基本的生存需要时，如何反应和应对。短暂的脱离现代社会，乡村给了现代人一个空间和机会去旁观自己和世界，就如梭罗搬到瓦尔登湖旁简单地生活一样。

2016年乡建院作为设计团队进入河北易县狼牙山镇进行美丽乡村改造工作，同年夏天在东西水村发起了低技术建造工作营，以网格穹顶方式盖了一栋民宿（图15~图18）。除了基础和室内装修部分是由当地施工队协

图15 穹顶主体搭建，2016年低技术建造工作营，于河北易县狼牙山（马超 摄）

图16 穹顶构件制作，2016年低技术建造工作营，于河北易县狼牙山（马超 摄）

图17 光脚混合草土制作土砖，2016年低技术建造工作营，于河北易县狼牙山（马超 摄）

图18 营员圣诞回访穹顶，2016年低技术建造工作营，于河北易县狼牙山

助完成之外，穹顶的主体部分□□□个来自各行各业的建造零基础的营员完成。营员有当地乡村创业的年轻人，有从业多年的建筑师，有热爱动手的IT主管，有象牙塔里的大学生，也有博学多才的博士，进入工作营大家便以平等的身份共同劳动，去掉了标签化的专业人士与学生区分，便可每日随时在协作过程中相互沟通与学习。非专业的参与，模糊掉了效率、清晰甚至所谓的"安全"等现代社会追求的标准，便形成了有待探索的地带，于是营员们对模棱两可感到好奇，愿意去探索，聚焦身体的感觉，从建造这件形象而具体的东西入手，体验其中丰富的寓意。

当代乡村建设大潮中，大都是以村民组织和景观修复为主，把乡村作为一个集体进行经营。我们也可以看到一些微小的个人力量，这些人可能是厌倦了城市制式化的生活，也许是想追求与自然土地联结的田园生活，想要改变的动力给了他们探索的勇气。参照20世纪的"回归土地"运动，以及世界各地的生态村和自然建筑运动，技术交流可以很好成为人与人连接的媒介。低技术若作为一个平台，可通过技术的交流可以帮助回归乡村的生活更有趣更顺利地开展，让志同道合的人们形成社群的力量，也能为乡村提供更多的可能性。

项目信息

项目地点：河北易县狼牙山镇东西水村低技术建造营项目

业主：河北易县狼牙山镇东西水村相关政府

项目设计：乡建院适用工作室、低技术建造营

项目主持：陶虹屹、孙久强

项目主持：陶虹屹、孙久强、马超

设计时间：2016年4月—2016年9月

建造时间：2016年7月—2016年8月

建筑篇

建筑师在乡村社区再造中能做什么？

房木生

传统乡村的建筑，是没有建筑师的建筑。在我们现今所谓的正统建筑圈之外，无名的匠人和住户默默建造了它们，在时间的流淌中默默呈现出乡土建筑的光芒。没有建筑师的房子，并不比建筑师设计的建筑差，甚至，在与自然的巧妙呼应、功能的合理性及形态的丰富性方面，有太多太多建筑师们望尘莫及的闪光点。

因此，在乡村，特别是在非常好的传统村落设计建筑，我们建筑师往往需要怀着谦卑与恭敬之心。

可以说，如今的乡村，并不缺建筑，甚至也不缺好的建筑。

那么，建筑师在乡村到底能做什么？

首先，建筑师在乡村，能解决的，是乡村建筑因为乡村的开放带来的与外部世界对接的问题。乡村人才及内生动力的消失，需要外部人们及外部力量的介入，乡村的重新振兴，无疑都面临着如何开放的问题。大部分传统乡村，处在一个自给自足相对封闭的世界里，其建筑空间，也是仅仅满足当时的自给自足之全部需要。在一个开放的世界里，建筑的功能、类型以及建造的组织方式，都将面临着巨大的变化。而受过专业训练的建筑师，可以在这种变化中担任专业解决问题的能力，黏合乡村开放形成的裂口，为乡村带去整体的专业的设计服务。

其次，建筑师在乡村，能为乡村建筑空间提供向着复杂性及丰富性提升的问题。传统乡村面临着从传统农耕生产转向工业化信息化社会背景下的产业转型问题，乡村空间，也相应地向着工业化和信息化方向转化，其所需的复杂性和丰富性建造管理，需要专业的建筑师作为计划的拟定和协调主持介入。如何将适应时代的建筑功能整合到改造的传统建筑空间当中？如何把现代的建筑设计在传统乡村格局中？如何把空间格局、结构、管线等建筑各种要素经济有效地整合起来？诸如此类的问题，建筑师凭着其专业技术及协调能力，可以做很多工作。

最后，建筑师能做的，是对现有乡土建筑的保护和挖掘再利用工作。乡土建筑在漫长的历史中，形成了其独特的文化，顺应自然、顺应当地的文化生活习惯，是人类宝贵的文化遗产。随着人口的散失，以及现代经济生活的介入，传统乡土建筑要么被遗弃，要么经过了建设性的破坏，这种遗产信息也将随风而逝。因此，进驻乡村的建筑师，应当有这种遗产保护和遗产传承的意识，在建立适应新生活的建筑空间同时，要有意识地保护和传承本土建筑和文化遗产，为人类的文化传承担负起相应的责任。

每个乡村是一个完整的小社会，是一个完整的包含文化、经济、生活的系统。进入乡村的建筑师，需要具备宽广的知识背景以及扎实精湛的专业技术技能，用扎实肯干而又谦恭的心态面对乡村热土，在

每个乡村小社会中踏实地做出对当代和未来都有用的设计，不能造成建设性的破坏现象。原则上来说，缺少人才的乡村，需要各方面类型的人才介入重建乡村，建筑师群体也是其中很需要的一部分。但不能过于夸大建筑师在乡村建设中的作用，更不能过于强调建筑师普通意义上的"作品性"。

一句话，乡村建设需要的，是能通过创意来平衡统筹乡村各类问题的多面手建筑师。

改造与复兴
——一个废弃民宅院落的重生

房木生

一、缘起

城市化的历史车轮，碾压而过，乡村的人们，纷纷进城。于是，在各地乡村，曾经热闹的锅米油盐、生鲜活色的地方，留下了太多废弃的房子。

在淄博市东庄村，也一样。一排的废弃房子，屋顶已经空塌，里面长出了杂树。而红砖石头砌筑的墙窗，仍留下往日的细节，呈现出北方民居的刚毅和温暖。整个区域在村里位置居中，我们决定把这里作为村庄振兴建设的开始，作为样板区。

所谓废物利用，把旧有的空间利用起来，适应新的需求，这应该是最为经济和可持续的办法。而且，不管从尊重传统、延续遗产，还是创造新的场所，在一个具体的有条件的建成环境里创作，都是"有理可依"的。

我们决定，首先以一个废墟（韩韬家的院子），作为样板中的样板。

房子的现状，屋顶倒塌，四面墙体还在，院子荒芜，有几棵香椿树长势正盛，香椿树下，应该是以前的厕所茅房，石头砌筑的。南边，一间倒座的遗址，只剩墙基，成为了菜地。西边，是另外一家的院子，房子很好，只不过已经很少回来入住了（图1~图4）。

图1　东篱乙庐在东庄村落中的位置，居中

图2　东篱乙庐由三个房子组成，一所是在一个废弃房子基础上的改建

图3　废弃房子的原状，屋顶倒塌，墙及门窗留存

图4　废弃房子的原状，留存几棵大香椿树

二、设定

把这两家，打通之间的围墙，成为一个大院，作为高端的民宿，回应"以房养老"的设定。

在设计策略上，不进行大拆大建，强调内在的新和美以及舒适（图5~图7）。外观保留现状的

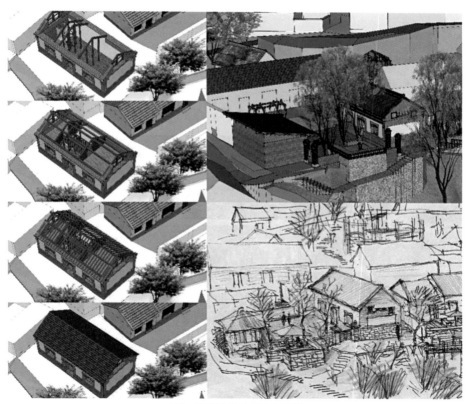

图5　设计草图及建造分解图

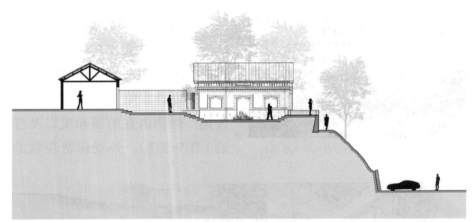

图6　设计剖面图，结合外面的公共道路，通过高差处理，形成在树荫下的良好庭院空间

图7　废弃房子的改造建设过程

墙体，进行必要的加固和整饬，如文物保护一样，保留现状的历史痕迹。尽可能地在不增加面积和空间的情况下，增加使用的空间和丰富的体验。

而景观体验，自然体验以及关联传统乡村的体验，被我们提高到最需达成的目标。

三、执行

失去屋顶的房子，原来是一门两窗的小三开间，原来的使用状态，也就一厅一房，包括客厅、餐厅、卧室等功能，都包含在里面，是一种不分区的杂用状态。中国北方许多民宅都是这样。

设计上，首先是卫生盥洗设施进屋，其次是将会客及卧室分区处理，最后是尽可能增加卧室面积及间数。设计的动作，是将房子南墙加高60厘米，利用坡屋顶的空间，做出夹层阁楼，把卫生间放在一楼，做出两间上下打通的会客空间。一层，原来的一门两窗保留，对应里面的小厅、卧室和卫生间，阁楼层，在中间开了一个天窗，两端山墙各开一个窗，完成房子里面的采光通风要求。山墙上窗，一边设计为圆形的，一边设计为"坐卧景窗"，形成山墙上的表情元素，同时，也是住在里面的人们获得与外面自然沟通的生动通道。而加高的前墙，也用砖砌出凹凸细节，屋脊的处理，用四皮砖做出镂空效果。美观的问题，用本土的砖瓦砌筑方式，经过设计推敲，得以实现。

这样，一套"三室两厅一卫"的民宿，就在原来一厅一房的遗址上得以重生（图8~图14）。

随后，在南房废墟上重建了一套带卫生间的客房，单坡屋顶，砖砌。打通两院之后，将西院改为两套带厅带卫生间带阁楼的民宿，用了外观不变，重点构筑内部空间的同样办法。

图8　改造后的东篱乙庐

图9　改造后的东篱乙庐，保留了所有香椿
树，形成良好的树下庭院氛围

图10　废墟变成了功能齐全的民宿院落

院子的景观，最大的动作，是在几棵香椿树外砌筑了一个高起的方形平台，既挡隔了外部公共道路的干扰，又增加了庭院内部的空间层次。而在庭院正中，则用耐火砖砌筑了一个圆形的火塘。点起篝火，光明热烈，则宣示了这个样板区的建成。

当然，我们的设计团队，还设计并网购了大量的室内灯具、软装及家具，布置了全面的场景，达到入住的标准。

图11　在废墟基础上重建的单坡屋顶民宿套间

图12　改造重建后的民宿室内

图13 在院落内建造的火塘，成为最热门的景观意象

图14 围着火塘聊天夜话，成为东庄最具吸引力的场景

四、思考

废旧空间的利用，随着中国大建设时代的过去，显然成为人们要面对的重要问题，不管城市还是乡村。在失落了的乡村中，这种空间尤为突出。当我们在谈论乡村振兴的时候，面对的，应该更多的是这种废旧空间的重新利用。

乡土建筑的自然、朴拙等本真元素，在通过创造性地设计之后，可以成为乡村振兴过程中一种踏实而又奢侈的原点。在低技术、经济以及不奢求高精完成度的条件下，设计可以让乡村空间获得新生，连接城乡。

经济、适用、美观，这样的原则，在乡村建设当中，仍然应该坚持。

项目信息

项目名称：淄博市淄川区西河镇东庄村东篱乙庐改造工程

项目时间：2016年2月—2016年11月

整体设计：乡建院城乡共生工作室、房木生景观设计（北京）有限公司

业主：淄博市淄川区人民政府、淄川区西河镇人民政府、西河镇东庄村村委

主持设计师：房木生

执行设计经理：苏亚玲

设计团队：吴云、刘双、翟娜、蔡丽平、邓伟、张艳东

地址：山东省淄博市淄川区西河镇东庄村

摄影：房木生、苏亚玲

显形的翅膀，助力山村的振兴
——山头村凤凰山山门与舞台的设计

房木生

一、背景

乡村的公共空间，是我们这几年一直在实践探索的领域。在城市化和全球经济一体化过程中，乡村空间变化不算太大，要么有新的房子出现了现代化，要么老房子随时间老化，但基本空间往往还保留着农耕时期的格局，少有"换新天"的情况出现。

变化最大的，是人，或称"人气"。教育、医疗体系的撤并与外迁，"计划生育"造成的人口减少，以及交通通信的畅达，让乡村里的日常少有青壮儿童，只剩部分老人妇女："人气"显得格外落寞。

因此，乡村振兴发展的改造，我们从如何提高乡村"人气"入手。

改造和增建公共空间，是提高"人气"非常重要的一步。传统的乡村，可以说每块地都有归属，集体用地，也常常被用作生产用途，真正被用作文化、休闲及生活的公共空间，还是太少。在不同发育程度的乡村中，这种公共性的环境空间，由自发而自觉乃至特别规划，也有不同的呈现。而公共空间，作为对任何人兼具可达性与社交性的场所，在连接乡村邻里关系、营造乡村公共文化生活以及吸引外来人员到来，达成城乡共生，都有极为重要的意义。

选择村旁进山之前的一个水坝，在其上面放置一对翅膀形山门（图1）；在已经建成的水池边，放置一个张开翅膀的舞台，这是我们在淄博市周村区山头村乡村再建设计中出现的其中两个想法。面对的是：风貌统一、街道干净，基础设施基本完善，但公共空间品质仍显粗糙，村内感觉活力萎靡。我们希望通过具有张力的建筑物形象，引发人的参与和乡村的活力。

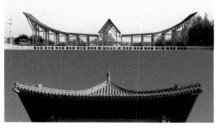
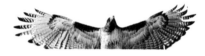

如鸟斯革，如翬斯飞。
·诗经·小雅·

图1　翅膀形建筑题

由"形式"入手解读，往往是大众对建筑评判的第一要素。因此，"大裤衩""鸟巢""水煮蛋"等建筑绰号往往更流行于大众的传播交流中。其实，另一方面也显现了那些建筑在大众性方面的成功。在周村区凤凰山脚下，山头村旁边，开始设计标志性的山门及舞台的时候，设计师就不回避直接从"形式"上入手。相反，彰显形式上的张力，放任色彩的热烈，激活该场地的活力，这些关键词都成为设计师设计这两个建筑物的出发点。

二、起势

山头村的名字，简单粗暴，起源于它坐落在一座山头上。这座山，跟很多地方一样，名为"凤凰山"。山不高，形也不奇，但有树，树还不少，引来附近周村城区诸多市民在闲暇之余蜂拥到来攀爬。周村城区平坦，凤凰山是其最近的一座山，弥足珍贵。而爬山，路过山头村。

"山"字，象形，字里有两翼。而凤凰，自然是飞翔的形象，张开翅膀。融合"山"字与张开的翅膀形象，形成两边高中间也有凸起的形象，这就是我们为这些建筑物给定下的设计形象母题（图2）。

而多年研究中国古建筑的经历，设计师对中国古建筑里的飞檐形象——"如鸟斯革，如翚斯飞"（语出《诗经·小雅》），可谓深入骨髓。相比西方建筑更多的厚重感及崇高感，以中国木构建筑为代表的东方古建筑，似乎更多给人以轻而飘的感觉。设计师希望在乡村设计的介入中，是轻的少的。因此，这种轻佻的形象，起飞的形式，在与中国古建庑殿顶和歇山顶等形象的对比参照中，被设计师肯定了下来。

在现场，透过弧形的悬索桥，设计师在那座坝顶上画下了弧形反宇向天的建筑形象（图2、图3）。

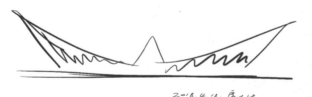 

图2　山门的构思草图　　　　　　图3　悬索桥及现场构思草图

三、细节

中国古建筑，除了讲究屋顶形象，也讲究台座的设定（图4）。凤凰山山门，放置在一个已建前后都有水池大坝上面，大坝自然就形成了它的台座，只是设置了过水的底座。山头村的舞台，将舞台直接设为台座，七步高的砖台，台阶设计为开放的，部分可当坐凳，让舞台在平常有更多的功能包容性。

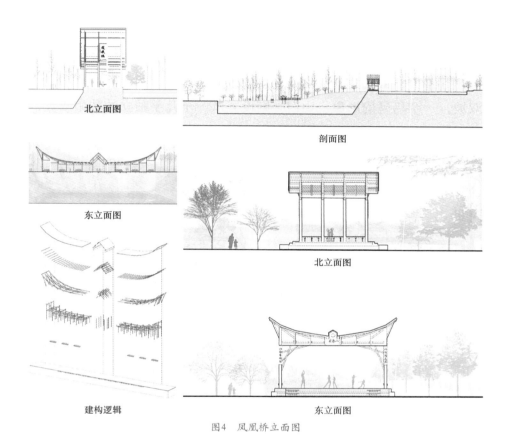

图4　凤凰桥立面图

结构即为形象，不去做无谓的装饰。舞台与山门，结构布局方式都是排架展开进深四柱三开间。舞台跨度9米多，全用木构的方式完成。为了达到较大跨度的稳定，结构设计上用上下双梁，悬矮柱斜撑屋顶的形式，进深上用双板包住矮柱，形成稳定的结构。另外，在每个排架上，用三根不同角度逐级递出的斜木撑让梁柱有了力的传输。渐变的斜梁及斜支撑，自然组成了建筑物生动的形象，可谓简洁干净却又别有韵味。山门的双翼，也是这种斜梁逐级抬高的形式，拉得很

长，用的是钢结构（图5~图8）。

两边高起，雨水就得往中间流。为了让雨水流走，而设计了中间的凸起部分，留出两条排水天沟，中间自然凸起。舞台用的是一个小双坡，一个鸟屋的形象。山门，则设立了一个几乎独立的陡峭双坡，用多根斜撑交错，形成双翼展开的视觉中心（图9、图10）。

图5　结构即装饰的山头村舞台

图6　结构即装饰的山头村舞台

图7　山头村山门，与旁边的树林形成美丽的倒影

图8　红色柱廊的山头村山门，反字向天

图9　花海后的山头村舞台，翼形张开

图10　山头村山门，中间凸起

作为公共空间，里面的坐卧停留，有舒适的地方，很重要。舞台两侧，四根柱子中间，设计了木制坐凳，让舞台在平常的日子里，起到"轩"的日常休憩作用。山门，则让中间的两个柱距变小，留出两边通长的道路，中间间隔着放置坐凳，也让平常的坐看云起有可落座的地方（图11、图12）。

图11　红色柱廊的山头村山门，中间是可坐的木椅

图12　红色柱廊的山头村山门，中间是可坐的木椅

向传统致敬，设计师为两个构筑物都设计并亲自题写了匾额与对联（图13）。灯光的设计，考虑了舞台与自然。舞台木构，用传统的暗红色油漆涂抹结构，山门则用大红热烈的颜色。遵循传统，拒绝了性冷淡风。

四、显形

朝阳从远处的地平线升起，建起来的山门和舞台，主立面都朝向东边（图14）。这两个翼形的

图13　红色柱廊的山头村山门，也是一座美丽的廊桥

构筑物就像与日出呼应一样，徐徐展开，显出它们生动的姿态。山门东西两侧不同高度的水面，倒映着这显形的翅膀，时而静谧，时而随波荡漾（图15、图16）。穿着绿色衣服的村里大妈，高兴地来到这里跳

图14　晨曦中的山头村舞台

图15　晨曦中的山头村山门，静水面形成优美的倒影

舞，红廊绿影，为这个久寂的山村添上诸多生气（图17、图18）。

空间开始发挥作用，在这个村里。

图16　傍晚的山头村山门，静水面形成优美的倒影

图17　红色的柱廊内，村里的大妈在跳广场舞

图18　傍晚的山头村舞台，村里的广场舞大妈开始跳舞

五、思考

虽然，我们也同意对传统文化的表达和再造，不应是刻意地形式化和符号化，进而可放弃形式的纠缠，去挖掘更深的内涵来表达空间。但是，在民间，特别是乡村，如何用浅显的大白话，用"人话"去表达对传统的尊敬，让所谓的"下里巴人"轻易地明白和喜爱，这样的出发点对我们更有吸引力。

当"性冷淡风"在城市里蔓延，并飘向乡村的当口，我们坚定地站在了"热闹风"这一边。大红大绿，繁闹复杂，形态万千……不应该被拒绝在建筑师营造的空间之外（图19~图22）。

共生，我们需要共生。空间的共生、人与自然的共生，城乡的共生，人与人、人与物的一切的共生，都是我们所关注的。站在全球化的急速洪流中，我们需要向世界呼号：一起共生！

图19　傍晚的山头村凤凰山门

图20　傍晚的山头村凤凰山门

图21　晨曦中的山头村舞台廊架

图22 山头村舞台廊架与村庄鸟瞰

项目信息

项目名称：淄博市周村区山头村山门及舞台工程

项目时间：2018年2月—2018年11月

整体设计：乡建院城乡共生工作室

业主：淄博市周村区人民政府、周村区南郊镇人民政府、南郊镇山头村村委

主持设计师：房木生

执行设计经理：苏亚玲

设计团队：吴云、刘双、翟娜、蔡丽平、邓伟、张艳东

地址：山东省淄博市淄川区西河镇东庄村

摄影：房木生、苏亚玲

房木生

文化空间再造：共生

乡影舞台

——三个乡村舞台的设计

　　"凿户牖以为室，当其无，有室之用。故有之以为利。无之以为用。"当年老子说的这句话，道出了设计这个动作，让"空（无）"与"实（有）"之间产生了一种置换，设计在这里实际上成为了空间有无之间的媒介。

　　作为设计师，我们介入乡村，其实是担负着设计在乡村振兴、城乡共生之间的媒介作用。在全球化、城市化语境下，乡村振兴最大的问题，是关于乡村中人的问题，也就是如何提高人气的问题。设计，应该在"人"这个字上开始。

　　共生乡影舞台，是我们在乡村振兴计划中的一个系列建筑空间，一个可以吸纳人气，焕发乡村精神面貌的场所。

　　我们希望它们：

　　是乡村建筑文化的集中体现，具有仪式感的空间；

　　是乡村风景的一个地标；

是乡村最重要的公共空间之一；

包含现在和未来的观演需求；

建造过程和使用状态，都是一种故事性的传播媒介。

舞台，作为一种集聚人们精神文化活动的空间形态，它带给乡村的人气和流量，都是可以预见的。乡村舞台对乡村非物质文化遗产的活化传承、对城乡文化互动的开展等方面，都具有不可替代的作用。

一、山谷呼应，圆融自然——东庄村舞台

淄博市东庄村的共生乡影舞台，选址在一个山谷里面。新的进村道路边上，推出一块平地，靠两边山，一边是综合服务中心，一边是公共厕所，中间一块扇形的场地，我们把舞台设置在扇形场地的尽端，随山势抬起。舞台是一个圆形，砖砌台阶，舞台台面为水泥地面，背后还有砖砌台阶继续往上，融入田地里，背景是自然山谷和优美起伏的山轮廓。山谷的环抱，成为舞台的围合。这个舞台，直接与自然对话，人工的圆形与自然的各种曲线，形成了呼应。舞台使用时，场地、台阶等只是提供了一个基础性的设施，背景中的自然山林填充了人们视觉感受。这个舞台，可以让自然不经意间进入人们的感知里面（图1、图2）。

二、砖石拱卫，兼容并包——土峪村舞台

淄博市土峪村的共生乡影舞台，选址在村庄中间的一块谷地上。这个舞台，建筑和场地形成一个完整的圆形，利用舞台的高差设置了公共厕所和舞台所需配套休息更衣间。建筑形态上，参考当地"砖包石"的建筑做法，用红砖做了5个砖拱，拱内是当地石头填砌，与村内教堂及民居等建筑形态和谐融合，却也独显了其个性（图3~图5）。事实上，建

图1 东庄村共生乡影舞台建设前后图片（房木生 摄）

图2 东庄村舞台，与公厕、游客服务中心及广场一起组成了社区新的活动中心（房木生 摄）

成之后，得到了村民的非常之喜爱，每天都有人在此举办活动。

三、一顶草帽，虚幻空间——郧阳村舞台

武汉市汉南区的郧阳村，是从丹江口水库郧阳地区搬来的移民村。村内房子都是经过规划新建的，整齐，干净，与城市里面的低密度小区没什么两样。在中心村民广场边上，移除原来篮球场之后，设立舞台以及U形围合的竹廊，是为了让该地段成为村落真正老少皆宜的活动中心。舞台的设计定位，是一个公共艺术造型：横向的椭圆钢管，慢慢渐变为竖向的，保留前

2016年4月17日 　　　　　　　　2017年4月30日

图3　土峪村共生乡影舞台建设前后（房木生　摄）

图4　土峪村共生乡影舞台，砖石建造，融入本村乡土建筑里（房木生　摄）

图5　土峪村共生乡影舞台，建造完后，利用率很高

后轴线的贯通（图6）。因为通透轻盈，整个造型像一种草帽，被称为草帽舞台（图7、图8）。特殊的造型，为这个普通的新村，吸引了不少内外的目光，从此一幕幕剧情就在这里开演。

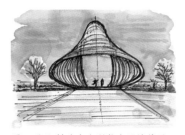

图6　郧阳村共生乡影舞台设计草图，由渐变椭圆形框架组成（房木生　绘）

图7　建成后的郧阳村共生乡影舞台，被称为"草帽舞台"，成为乡村公共艺术品（时小坤　摄）

图8　建成后的郧阳村共生乡影舞台由可供村民休闲的竹廊围合（时小坤　摄）

乡村，对于城市里的人来说，实际上是一个寻找乡村自然和乡村传统文化的体验平台，也是自然和文化在人类面前展示、表演的舞台。共生乡影乡村舞台工程，实际上再次强调了这种"舞台"的属性，让舞台成为城乡共生的一个媒介。

项目信息

项目名称：土峪村、东庄村、郧阳村共生舞台工程

项目时间：2016年2月—2018年11月

方案设计：乡建院城乡共生工作室

实施设计及监督：乡村持续发展工作室

业主：淄博市淄川区人民政府、武汉市汉南区人民政府

面积：每个舞台约60平方米

主持设计师：房木生

执行设计经理：吴云、苏亚玲

设计团队：苏亚玲、刘双、蔡丽平、翟娜、邓传禧等

地址：山东省淄博市淄川区洪山镇土峪村、西河镇东庄村，武汉市汉南区郧阳村

乡村的一种正确开放模式：公厕建设
——几个乡村公共厕所的设计

房木生

The call of nature，字面意思，好像是"自然的召唤"。其实，翻译为中文，是"上厕所"。

因此，进入乡村，特别是原来简单结构的乡村，我们首先做的一件事情，是响应大自然的召唤：建厕所。

我们每个人都有着急奔寻找厕所的经历，人有三急嘛。但大多数原来的乡村，每家每户各有自家的厕所，作为有机肥的小财产库，方便存取，尿粪往往露天开放。因此，以往乡村中上厕所蚊蝇乱飞、臭气熏天、下脚困难等印象，给人并不美好的记忆。而建造一两个干净明亮的公共厕所，毫无疑问，是连接乡村与城市，开启乡村封闭系统的一种正确打开方式。吃喝拉撒睡，谁不上厕所?

在淄博市土峪村村口有一个采石剩下的场地，我们将此改造为停车场地，相应地，在这个地方，设立一个公共厕所。场地选在被削出的悬崖底下，材料选用采石场出产的石头和部分砖头，让这个厕所融

入环境之中（图1）。造型上，我们根据厕所内部的厕位，由内而外，把厕所的外墙进行了折墙处理，在男女厕两边端头做了落地窗，再在外面包围一圈小花砖围墙，给厕所安置了两个"风景小院"，增加了采光与风景要素（图2）。上厕所，也是需要风景的。建成之后，设计师觉得该厕所还是有点灰灰的，抓起大笔，顺着石材纹理，用鲜艳的颜色，勾勒了两个似人非人的形象（图3）。这两个形象，在朋友圈引发了激烈的讨论，像男还是像女的问题。关于男女特征，关于上厕所，关于形象所蕴含的意义或暧昧……人们的一些天性，在这里提供了一个可以借题讨论的话题。这个厕所，就这样在公众面前，打开了（图4、图5）。

图1 采石场设计为停车场，并在其中用石材建造一个厕所（房木生 摄）

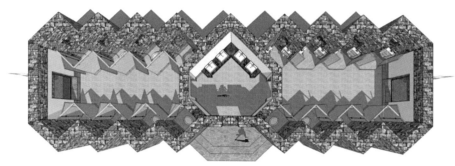

图2　厕所采用折线形墙，每个厕位一个折线小间

图3　顺着石材用颜色勾勒的形象，引发了朋友圈的热烈讨论（房木生　摄）

图4 在采石场悬崖下的厕所，融入了环境（房木生 摄）

图5 土峪村厕所的门口（房木生 摄）

图6 东庄村游客中心广场厕所，门口为月亮门造型（房木生 摄）

图7 东庄村游客中心广场厕所，旁边，挖出水塘，营造环境（房木生 摄）

　　厕所是个低调的活儿，按常理不应该大张旗鼓。但我们进村，最先高调干的，往往是厕所，可谓先解燃眉之急。在东庄村，我们根据村庄的上中下，一口气给盖了三个厕所。三个厕所有三个不同的形式：一个平顶，但有圆形的月亮门入口；一个半圆形，单坡屋顶，石砌的高窗；一个被分解为三个屋顶，入口挑出在荷塘边上。都是在原有民居的造型和材料做法基础上设计出来的，融入环境，但掩藏不了它们的个性和设计师赋予的匠心（图6~图15）。可能因为盖出来之后有点"高调"，以致村民想把其中的两个厕所改为民宿来经营。

图8　村中心的公厕，废弃空间的再利用（房木生　摄）

图9　东庄村村中心厕所，根据现场
条件，设计为半圆形（房木生　摄）

图10　村巷中的公厕（房木生　摄）

图11　利用废弃材料砌筑的小品，放
置了小孩捏的泥人（房木生　摄）

图12　山脚路边的公厕，屋顶分解为三个顶，与村庄的
尺度融合（房木生　摄）

　　公共厕所的"公共"，正是"经营"乡村的开始。我们将原来自给
自足较为封闭的乡村，通过公共空间的介入，让其成为具备城乡共生
的公共性空间，向整个世界开放，从而获得一种新生，这就是振兴的
一种契机。

图13 出挑的屋顶，顺势成为雨罩（房木生 摄）

图14 采光合适的厕所室内
（房木生 摄）

图15 荷塘边的厕所，风貌与村内建筑合为一体（房木生 摄）

项目信息

项目名称：淄博市淄川区土峪村及东庄村公共厕所工程

项目时间：2016年2月—2016年11月

设计：乡建院城乡共生工作室，房木生景观设计（北京）有限公司

业主：淄博市淄川区人民政府、淄川区洪山镇人民政府、淄川区西河镇人民政府

面积：每个厕所约30平方米

主持设计师：房木生

执行设计经理：吴云、苏亚玲

设计团队：刘双、翟娜、蔡丽平、邓伟、张艳东

地址：山东省淄博市淄川区洪山镇土峪村，西河镇东庄村

烤烟房变形计
——烤烟房民宿客房改造

傅英斌 张浩然 闫璐

一、村庄的集体记忆

贵州桐梓县是中国西南的主要烟草产区之一，村子以烟草种植为主要产业，维持着手工烤烟的传统（图1）。烤烟房作为烤烟产业的重要组成部分，以其独特的外形成为该地区的特色建筑景观而存在于每家每户的院落中（图2）。

随着产业转型，和新型密集式烤烟房的建设，手工操作的传统烤烟房已经退出市场。烤烟房作为手工烤烟时代最具标志性的产业景观遗存被大量废弃和拆除（图3）。我们希望对烤烟房进行改造和更新，来保留传统产业记忆，寻求烤烟房在下一个时代中存在的可能性。

图1　挑拣烟叶的母子

图2　烤烟房原貌。烤烟房高辨识度的外观已经成为村庄的标识和几代烤烟人的记忆

图3　烤烟房原貌。业主家宅旁的烤烟房，已废弃多年

二、产业转型与空间转型

项目所处的村庄，在国家扶贫政策的指导下，进行乡村旅游产业转型。业主的客房主体建筑已经完成，宅院旁的烤烟房废弃已久，屋顶坍塌，破烂不堪，院子里的一棵葡萄藤与烤烟房一侧的临时棚混杂交织（图4、图5）。业主原计划将烤烟房拆除，我们介入设计后希望能将此烤烟房与其未来的民俗经营相结合，改造为一个特色的民宿客房，转换角色延续其生命。

原烤烟房在几十年的时间里经过多次拆建，材料复杂，底层为碎石砌筑墙体，中部以上为后来改建的水泥空心砖墙体，石棉瓦屋顶。现状墙体非常脆弱，既不能开窗，也不能有任何改动。封闭的立面和较为狭窄的内部空间以及采光缺陷，是作为客房改造面临的最大问题。为解决功能附着问题，我们在建筑内部嵌入钢架，将建筑墙体与承重结构分离开来，形成"双层嵌套结构"（图6、图7）。旧墙体不再受力。所有的内部新加功能体块全部附着于钢框架之上与原有的墙体脱离结构联系，解决了新增功能的结构问题。

图4　区位图

图5　烤烟房与周边院落位置关系图

图6　工人在安装嵌入建筑内部的钢架结构

图7　抬升后的钢结构屋面和置于烤烟房外的"盒子"

　　为解决采光通风问题将原有石棉瓦屋面拆除，改为钢结构屋架。整个屋面在原基础上整体抬升，在屋面与墙体间形成一圈带状窗户。屋面上方设置了玻璃天窗，原本黑暗的室内变得阳光充裕且富有浪漫气息（图8）。天窗的设计，使"光"成为建筑重要的元素之一。白日云影，抑或夜晚星辰，都透过天窗成为房间的一部分。

床在巨大的玻璃天窗下方，使之成为一间极富特色的观星客房。而建筑内部的暖光通过窗户散射出来，与冷峻的白墙形成了强烈的视觉反差（图9、图10）。

由于烤烟房空间狭窄，内部形成一种类似"深井"的消极空间，而分割两层又略显局促。屋顶的抬高给内部分割空间提供了可能。我们将烤烟房内部在保留原有晾晒木梁的基础上进行空间分割，上层卧室与天窗，下层起居室（图11~图14）。保留的原有环形烟道，形成了一个局部下沉空间，既提高了舒适性，满足了不同功能需求，又丰富了空间体验。

卫生间作为客房的必备功能，不可或缺，但烤烟房内部无法容纳一个独立卫生间。于是我们选择了"功能外置"的手法，

图8　钢结构小青瓦屋面。旧屋顶的修复和更新

图9　烤烟房内透出温暖的灯光

图10　烤烟房透出温暖的光线

图11 烤烟房内部。下层起居室，可以围坐交谈的下沉空间

图12 烤烟房内部。下层起居室，屋内深色的木梁，是烤烟时的晾烟杆

图13 烤烟房内部。上层卧室

图14 烤烟房内部。夜晚可以看到星空的天窗

将卫生间功能置于外部，独立的卫生间"功能盒子"与烤烟房形成体块穿插关系。卫生间采用钢结构，钢板包裹，底层架空，犹如一个漂

图15 "盒子"采用了木材和钢材，材料的亲和让新构筑与周围环境产生联系

图16 "盒子"的体量经过反复的推敲，以求与环境更加和谐

浮的黑色体块，低调谦逊却棱角鲜明，与烤烟房形成一种和谐的共生关系（图15、图16）。

烤烟房标志性的外形是对于时代记忆最好的承载，因此，我们在改造过程中尽量保留了其原有外观：封闭的空间，穿插的晒烟杆，凸起的烟道，狭小的观察窗……墙体进行了修复，保留了原有的材料和使用中时间的痕迹。被留下的还有见证了烤烟房变化的葡萄藤，横向的黑色钢筋支架使其与院墙结合，与烤烟房互不干扰。原来烤烟房内一把用来登高挂烟叶的木梯被保留下来，挂在黑色"功能盒子"钢板墙上，使得整个现代的构筑与时间有了对话，形成了奇妙的对比（图17~图19）。

图17 曾经用于挂烟叶的木体被挂在外置"盒子"的一侧，形成对比

图18 调整后的葡萄架低调的处理了与烤烟
房及庭院的关系

图19 烤烟房、葡萄架与庭院

三、思考

此次烤烟房的改造，面对传统建筑形式与产业记忆，设计师以什么样的态度与之对话，以何种姿态存在，是我们在这次设计中思考的问题。

常见的建筑改造项目，往往呈现两种极端状态：一是崇拜传统，强调"仿古"，然而现代手法很难"仿"出古味；另一种则形式夸张，与传统部分形成强烈对比，过分强调"存在感"让传统建筑失去了原有的氛围。在这次改造过程中，我们试图在历史与现代之间寻求一种平衡。用属于这个时代的语言对话传统，但保持谦卑，以低调的姿态与之共存。既不妄自菲薄，又不盲目自信。既不忘传统，又留下这个时代应有的痕迹（图20~图26）。

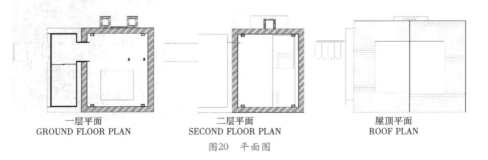

一层平面
GROUND FLOOR PLAN

二层平面
SECOND FLOOR PLAN

屋顶平面
ROOF PLAN

图20 平面图

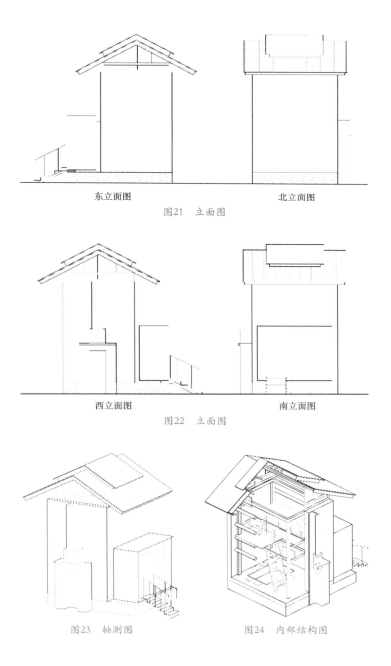

东立面图 　　　　　　　　　　　　　北立面图

图21　立面图

西立面图 　　　　　　　　　　　　　南立面图

图22　立面图

图23　轴测图 　　　　　　　图24　内部结构图

钢化玻璃
TOUGHENED GLASS

小青瓦屋面
GREY TILED ROOF

木楼板及楼梯
WOOD FLOOR AND STAIRS

保留木梁
PRESERVED WOODEN BEAM

钢框架及钢屋架
STEEL FRAME AND ROOF TRUSS

现状外墙
PRESERVED EXTERIOR WALL

钢框架　　钢板墙面　　木板　　钢台阶
STEEL FRAME　STEEL WALL　WOOD BLOCK　STEEL STAIRS

图25　烤烟房结构关系图

1 钢化玻璃屋顶 TOUGHENED GLASS ROOF
2 小青瓦屋面 GREY TILED ROOF
3 钢屋架 STEEL ROOF TRUSS
4 钢梁 STEEL BEAM
5 保留木梁 PRESERVED WOODEN BEAM
6 木楼板 WOODEN FLOOR
7 木楼梯 WOODEN STAIRS
8 保留烟道 PRESERVED FLUE
9 钢板墙面 STEEL WALL
10 木板 WOODEN BLOCK
11 钢框架 STEEL FRAME
12 钢台阶 STEEL STAIRS
13 石材 STONE

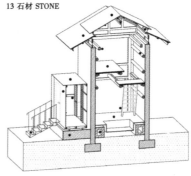

图26　剖面图

项目信息

主创设计师：傅英斌

团队：张浩然、闫璐

文：张浩然

摄影：焦东子、傅英斌

建造时间：2016年3月—2016年8月

项目地点：贵州省遵义市

材料：钢材、木材、钢化玻璃、小青瓦

面积：14.6平方米

乡村针灸：重塑民间
信仰空间
——安徽太阳乡财神庙设计

傅英斌

一、源起

　　太阳乡位于安徽省霍山县大别山深处主峰白马尖的核心景区，为了服务旅游，政府原本委托我们设计此处的广场和停车场，场地已经平整完毕只剩下此处财神庙待拆除，这类民间庙宇在当地乡间并不少见，因此拆除这样一处小庙也并未引起大家注意。现场调研时候我们发现这个小庙并不普通，这座庙已有近两百年历史，多次被毁和重建，庙虽不大却是当地村民的信仰中心（图1、图2）。我们说服了甲方能在附近重建此庙，延续民间信仰的同时也能为游客提供一处有趣的互动设施。这处财神庙成了一个我们主动提出的设计之外的任务，我们希望通过这一处微小设施的设计，为淳朴的民间信仰提供一处精神承载空间和有尊严的乡间信仰活动场所。

图1 财神庙拆除前原状1（张虔希 摄）　　图2 财神庙拆除前原状2（张虔希 摄）

二、方案

　　新址被确定在距离原址几十米处的一处山坳，三面背山，面朝广场，环境独立而幽静（图3）。新的财神庙不仅是一处信仰的精神场所，同时也需要服务游客和其他人士，增加其公共性和互动性是首先需要解决的问题。此类民间村庙通常是三面围合，空间狭窄闭塞，我们试图改变原有村庙内收的空间形态，引入"亭"做法，将外部打开，除了神龛必要的背景墙以外，改为四面通透，四周屋檐舒展挑出，创造出一个舒适而通透的檐下空间，以公共和开放的姿态展现在村民眼前（图4）。

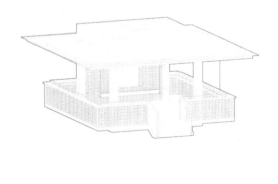

图3 区位图　　　　　　　　　　　　图4 轴测图

　　乡村营造往往受到技术和材料的限制，传统材料虽然看起来似乎符合某些审美和价值观，但由于造价和工人的匮乏未必是最好的选择，我们选择了最容易控制的混凝土浇筑建筑整体框架，邀请当地篾匠手编了竹席作为模板内衬，使混凝土有了竹席的肌理，原本冰冷现代的混凝土材料上留下了手艺的温度（图5~图8）。墙体采用了红色空

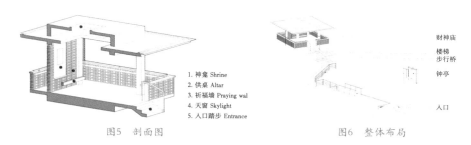

1. 神龛 Shrine
2. 供桌 Altar
3. 祈福墙 Praying wal
4. 天窗 Skylight
5. 入口踏步 Entrance

图5　剖面图

财神庙
楼梯
步行桥
钟亭

入口

图6　整体布局

图7　村里篾匠在编织竹席模板（张虔希　摄）

图8　竹席模板混凝土（张虔希　摄）

心砖，这种材料通常作为墙体填充砌块，一般不会展现在建筑最终的外饰面上，我们通过简单的角度转换，用空心砖直接砌筑墙体，砖的孔洞形成了一种纯粹的墙面肌理，后面的景物通过砖孔若隐若现，模糊了空间的边界。屋顶的方形开口增加了庙的宗教氛围，顶光每天会根据时间移动，并在特殊时间照到神像之上。

在中国南方地区，水是财富的象征，许多民间建筑极为强调雨水在建筑中的作用，我们在处理屋顶排水的时候特意考虑了这一民间习俗，对雨水口做了特殊处理，借鉴了日本传统建筑中"雨链"这一设计，使雨水的排出成为一处生动有趣的景观，同时巧妙地隐喻了"财神庙"这一主题（图9、图10）。

图9　雨链1（张虔希　摄）　　图10　雨链2（张虔希　摄）

三、习俗

当地居民在财神庙祈福时候除了燃香，通常还要燃放爆竹，燃烧松枝和纸钱等习惯，政府考虑山林防火及环境污染希望我们在设计的时候能对村民习惯进行行为引导。

村庙的空心砖墙成了新的祈福设施，人们把祈福语言写在红纸上以后卷起来插到墙上的空心砖孔里，随着时间的推移，墙上的砖孔会被红纸慢慢填满，建筑与使用者发生了紧密的联系并有了生长的过程，建筑本身与活动和信仰紧密地结合在一起（图11）。

敲钟是中国宗教场所中参与者非常喜爱的一种互动方式，场地下方我们设计了一处挂钟，人们从庙中下来以后可以敲钟祈福（图12）。敲钟与填满红纸的祈福墙成了财神庙祈福的新活动，受到居民和游客的欢迎。

图11　祈福墙（张虔希　摄）

图12　敲钟（张虔希　摄）

四、影响

这座本来非设计委托的"意外"项目建成后也取得了"意外"的效果，新建的财神庙保留和延续的村民的信仰中心，不仅继续成为村民祈福求财乡建信仰场所，更成为访客与村民交流互动空间，有了公共属性。新庙的外观建造形式和新的祈福方式也刷

图13　建成照片1（张虔希　摄）

新了居民对此类设施的认知，成为一处备受访客"瞩目"和"议论"的焦点，为民间信仰注入新的活力（图13~图17）。

图14 建成照片2（张虔希 摄）

图15 建成照片3（张虔希 摄）

图16 建成照片4（张虔希 摄）

图17 建成照片5（张虔希 摄）

项目信息

目地点：安徽省六安市霍山县

设计时间：2017年3月

建成时间：2018年2月

面积：20平方米

设计单位：乡建院傅英斌工作室

主创设计师：傅英斌

团队：张浩然、蔡万成、闫璐

摄影：张虔希

重塑乡村公共建筑的泛功能性
——沙格寨村人民戏台

罗宇杰

一、乡村公共建筑的泛功能性

笔者出生和成长在湖南中西部的小村庄，小时候居住的房屋紧靠村里最大的公共建筑——一座穿斗式的木建筑，五开间两进深，这个建筑因集体公社而建，公社的一个重要独特功能就是采茶晒茶。村民们管它叫"茶场"。它非常开放，所有的门板都可以完全拆下空间完全打开。茶场前面又有一个非常大的空坪，赶上稻谷收割的日子，会用竹席子晒满各家的稻谷。谁家盖房子的煤砖、红砖土坯晾晒也在上面。逢年过节时是舞龙耍狮的起点，晚上大家在这里集会，拉上幕布晚上放流动大电影，打开一层的门板是唱黄梅戏的地方。集体公社转型后，茶场的功能消亡了，它被当作过校舍，曾经有两三年在这里上课。这地方也是我们到处乱逛、嬉戏躲藏的地方。后来谁家分家了赶上没地方住，会在这临时借住。

　　这种乡村建筑的特殊属性，也可以说就是乡村所特有的物尽其用原则。也由于乡村先贤们的建造智慧，并不拘泥于建造某一种单一的空间状态，而是开放性、多元可能性。只要有可能利用的空间，没有一处一时是浪费的。

　　建筑被叫作某一个功能称呼其实特别不准确，它只是一个名称的代号。准确点称呼应该是多功能公共建筑。或者说是泛功能公共建筑。

二、建造"开放的空间"而非"封闭的功能"

　　中国改革开放带来了城市的大发展，城市化的进程使得劳动力从乡村迁徙。越来越荒漠的乡村不仅是乡村的问题，也反过来影响了城市和国家的发展。政府出于好意的运动式扶贫、美丽乡村、特色小镇等对落后乡村的"精准"帮助，也伴生了诸多的问题，不少地区盲目的指标式的建设，带了更多的问题：破坏文脉、僵化了空间。

　　以乡村公共建筑戏台为例，走访调研河北、河南地区的乡村，可以看到各种简陋而又封闭的新建戏台，它们有着相同的特点，高大的挑高、三面封闭的背景。空间非常单一和消极，除了一年仅有的几次唱戏观演之用，再无他用可能，功能利用极其低下。

　　戏台伴生广场，基本都是乡村唯一的大公共空间，它不应该是单一的。应该多元和多种使用，才能最大限度地激活乡村。作为乡村建设工作者，应该将社会的价值最大化，并带来建筑利用的最多可能。因此乡村公共建筑一定不是建造"封闭的功能"，而是打破功能的壁垒，营造更积极的多用可能。形成更多元、更丰富的村民公共活动可能——"开放的空间"。

三、重塑乡村公共建筑的泛功能性——沙格寨村人民戏台

沙格寨村人民戏台位于河南省清丰县双庙乡沙格寨村的西南角。建造之初的动机就是希望打破传统戏台的单一功能属性。希望营造成更积极的乡村公共活动空间（图1）。戏台前面留有一大片公共场地，可以满足村民的生活生产、观演的需求。一层除了应有的大舞台外，南侧有封闭空间作为公共展厅，是记录美丽乡村建设的一些基本信息。一层的北侧既是唱戏人员的后台，平时也作为小型活动室，可续乡村工作室的建造研究流动点也设在此。大舞台的北侧又设了小台阶看台，满足小型演出即使在风雨天也可以有遮风避雨的观演空间。局部二层是一个开放空间，最北侧又是大台阶下到地面平台。这座建筑也满足了孩子们能够在其间绕来绕去，是一座大的"游乐设施"。

中原地区一马平川，公共建筑的戏台在设计上结合舞台的高空间，往南北跌落，建筑似生长在平坦的土地上，它对由远及近进入村庄的人们，是村庄景观，也是标识（图2、图3）。

建成后，经常看到有村民和孩子们在舞台上坐靠、休憩、嬉戏。打破了常规戏台内部空间幽暗、封闭的状态。这也是设计之初希望呈现的状态（图4~图10）。

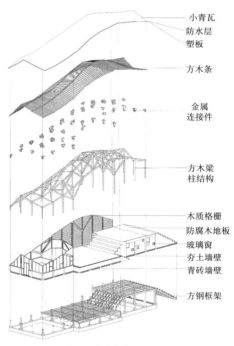

小青瓦
防水层
塑板

方木条

金属
连接件

方木梁
柱结构

木质格栅
防腐木地板
玻璃窗
夯土墙壁
青砖墙壁

方钢框架

图1　建造分析图

图2 树杈型支撑柱

图3 下午的时光

图4 嬉戏的儿童

图5　戏台的夜晚

图6　广场上玩耍的孩子

图7　窥探的男孩们

图8　露台上的女孩们

图9　雨后的黄昏

图10　晌午刚过

四、乡村公共建筑的未来

乡村公共建筑在乡村非常稀少，是一个乡村的文化、休闲中枢，是一个"大客厅"，应该尽量开放、包容、多重属性。满足变化的、发展的短时、长久的气候、时代变化。

终有一天，破败的乡村会重回

兴盛，远走的人们会回来，公共建筑及其附属场地，应该承载和记录到一个村庄文脉的发展进化，让人们"喜怒哀乐"在此铭记。

　　乡村公共建筑的过去是开放的、多功能的，它的现在和未来也应该是开放和多重功能的。

砖木之造
——乡村住宅系统性优化的技术模式探讨

张东光　刘文娟

一、背景

在近二三十年我国农村地区建设的居住房屋，由于农民经济能力的不足、在技术上的缺失和轻视等多种原因，呈现为一种粗放、随意简化的发展状态，大量存在的砖木结构房屋便是其中的一种代表。

这种房屋不仅抗震能力差、存在结构安全隐患，在采光通风、保温隔热等热工性能方面也有着明显的缺陷。然而在笔者看来，建筑所使用的低成本材料本身并不存在问题，问题在于如何有效、巧妙地组合。建筑师试图通过此微型项目对一些普遍性的基本问题进行探讨，并在设计上提出改进措施。

本项目是为一对在城市生活的青年夫妇回家乡建造度假小屋，业主希望能有一个宽敞的空间用于朋友或者大家庭的聚会。如何在

满足空间需求，保证舒适性的同时，又能与传统风貌和谐共处，并在结构、构造及热工等技术层面提出优化可能，成为这次设计的关注点。

二、场地

项目位于陕西省渭南市一个典型的关中传统村落。村庄的结构和肌理特征突出，院落排列与道路街巷横平竖直，村内的宅院大多为南北细长东西狭窄（图1）。本项目所在院落坐北朝南，前后两进，南北向总长度55米，东西向宽10米，南侧大门通向道路，北侧紧邻农田果园，东西两侧均有邻家院宅。中间正房是南北向双坡屋顶，西厢房为单坡屋顶（图2）。本项目位于第二进院子，拆除原有杂物间（图3），新建一栋用于居住和休闲聚会的房屋。

图1　村落肌理

图2　场地模型

图3　场地现状照片

三、空间与形态

新建房屋采用单坡屋顶形式，简洁的形体处理顺从原有的村庄肌理和建筑尺度，单坡屋顶的形态延续了当地将雨水排到自家院落的传统。新建体量与南侧双坡屋顶的正房围合出尺度宜人的小庭院。整个院落自南向北地面标高逐渐提升，为减少工程的土方量，设计上充分利用原有地形，自然地形成小台地；自北向南找坡排水，汇入正房檐下原有排水系统，一路向南排出院落，既顺应地势，又体现了传统朴素认识的"四水归堂"的说法，有趣又合理。同时，在房屋位置的选择上，尊重当地"留有后路"的传统说法，又考虑到北侧田地标高高出院落将近一米，会有大量湿气侵扰，于是与北侧院墙间留出一窄院（图4~图8）。

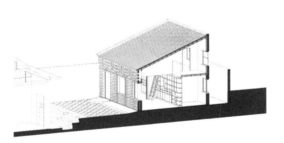

图4　剖轴测图（宁正阳、刘佳　绘）

图5　院落剖面图

图6　院落平面图

图7　建成后南立面

图8　新建房屋与原有正房形成内院

在功能需求方面，业主希望有一处用于聚会的大空间，而当地传统建筑的空间形制并不能满足此要求。因此，新建房屋内部空间的划分有别于传统的三开间模式，首先在垂直方向用高大的木桁架将空间划分为两层——拥有大空间的一层和别致阁楼的二层。再用一道横向贯通的格架系统将首层划分出不同属性的空间——南侧的主要空间和北侧的附属空间（图9~图11）。格架系统上的开口与外围护墙体的开口共同作用，使得内与内、内与外的空间联系丰富有趣。主要空间的西端是入口玄关（图12），作为缓冲区并与卫

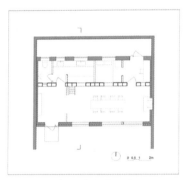

图9　首层平面图

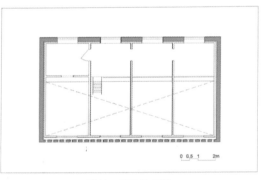

图10　阁楼平面图

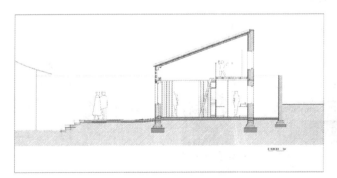

图11　剖面图

图12　入口玄关

生间和厨房便捷连通；东侧的大空间，平时用于生活起居和家庭用餐，同时也考虑了业主招待朋友及大家庭聚会的需要，并在最东端设置了冬季烤火取暖用的壁炉（图13）；玄关与大厅之间采用软性的推拉门做空间分格，在推拉门完全收到两侧时，则会形成一个东西向完全贯通的大空间，以灵活应对更大的空间需求（图14、图15）。附属空间自西向东分别为卫生间、简餐厨房、卧室、小书房；书房向北侧宅院开门，可进入一个相对密闭、面向天空的内庭院（图16）。附属空间上方为阁楼空间，可品茶，休息，静坐，凭窗眺望北侧田园风光（图17）。

图13　首层大厅

图14　推拉门关闭的大厅

图15　大厅与玄关贯通

图16　北侧窄院

图17　阁楼内眺望远方

四、材质分布

通过材料的处理，将新建房屋进一步融合到基地之中。南立面选择青砖砌筑，与南侧正房的青砖立面呼应，形成质感统一的院落界面。原有的院落围墙为红砖砌筑，年代较近且质量完好，选择予以保留，在其上用青砖砌筑高出的山墙

图18　下部红砖与上部青砖

部分，通过砖的颜色对"新"与"旧"加以区分。北侧有两层高度，于是相应地采用了下部红砖，上部青砖的材质分布（图18），暗示了内部"上"与"下"的空间格局。在建筑内部，桁架结构表层的木质板材，与一层的白色墙面形成视觉对比，将阁楼与首层空间从材质方面进行了区分，这也呼应了外墙材料分布的上下关系。

五、结构与材料

结构体系的选择综合考虑了材料的可获得性及建造的可操作性。首先，传统木结构所用的大截面圆木在项目地周边市场已是难以购得，且在现场的二次加工耗时费工会导致造价抬高，因此强行复制传统木结构并非本项目的最优选择；其次，新建房屋位于第二进院落，搬运材料需从街巷穿过庭院大门和正房，材料转运颇费周折；另外，只有10米宽的院子也难以承载较大的施工作业面和设备使用。此上种种都给建造过程带来了一定的困难，所以本项目选择了在市场上容易购买到的小断面的方木料，由厂商供应的成品方木不仅有多种尺寸选

择，并且易于现场加工。

首先用小断面方木组合成框架，然后在框架内部填充砖砌体
（图19），形成半木框架建造系统（Half-timber Frame Construction）。木
框架与硬质填充的联合作用增加了整体结构抗水平力的能力——避免
了受侧力时单一框架容易屈曲破坏或单一砌体容易开裂破坏。在2015
年尼泊尔大地震之后，日本建筑师坂茂（Shigeru Ban）也采用了此种建
造系统为受害者设计住房（图20）。另外，此结构体系的选用，单元构
件可以较小且较分散，适宜搬运、安装，使得建造更加游刃有余，减
小了场地限制的影响。

屋架采用木桁架结构，较大的桁架高度为新建筑提供了一个较大
跨度的空间，为改变原有的三开间格局带来了可能，最终在首层形成
南北不同属性的空间格局。同时，木桁架成为"悬挂的墙体"对阁楼
空间也进行了切分（图21、图22）。

木桁架单元由三层构造组成，内部为方木料拼合而成的桁架，桁
架两侧用木质板材包裹，发挥其"蒙皮效应"，形成共同作用的受力体

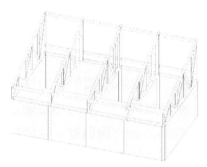

图19　木框架与砖填充

图20　坂茂的尼泊尔项目
来源：http://www.shigerubanarchit ects. com/works/
2015_nepal_earthquake_3/index.html

图21 阁楼空间

图22 桁架作为"悬挂的墙体"

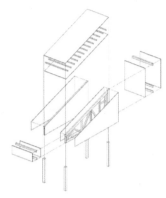

图23 上部木屋架用木板包裹

系，增加了桁架的腹部抗拉能力和整体刚度，并且呈现出温暖的木质表面。屋架顶面也采用此种方式，增强屋顶整体结构抵抗侧向水平力的能力（图23）。此处木质板材既是结构构件的一部分又可直接作为内饰面，无须再做二次吊顶装修。

六、围护体系

半木框架建造系统的采用，赋予了墙体设计很大的自由度。本项目在建筑的南立面实验了空心墙（Cavity Wall）的构造方式，试图在不借助"外来的"保温材料的情况下，达到较好的热工效果。空心墙体为180毫米+60毫米+120毫米的三层构造方式，180毫米厚度的废旧红砖填充于木框架内部，60毫米为空气间层，充分利用空气的绝热性能，120毫米厚度的青砖墙作为最外层的表皮。两层墙体之间通过系墙铁拉结，增强墙体的整体稳定性。系墙铁的设计考虑了对外层表皮冷凝水的阻截，并通过墙体下部的金属披水将空腔内的冷凝水导出（图24）。空心墙的构造方式，不仅实现了较好的热物理性能，而且作为表皮的

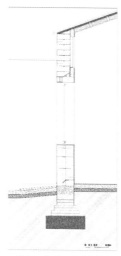

图24　南立面大样详图

图25　表皮多样的砌筑方式

外层砖可采用多样的砌筑方式，为高窗的设置带来新的可能，同时通过砌筑方式的不同，对院内新老建筑进行区分（图25）。

七、结语

　　本项目麻雀虽小五脏俱全，充分尊重当地的建造传统，但并没有拘泥于传统的结构体系和空间布局；而是以农民住房的一些基本的、普遍的问题为出发点，致力于探讨当地传统材料的现代构造方式，热工性能的改善，以及融合传统建造智慧等议题。

　　设计采用当地非常普遍的建造材料——木材和砖，在对当地传统建造、习俗充分调研和认知的基础上，运用复合建造系统并对当地技术进行改进，从而将场地限转化为激发设计的有利要素，创造出了不同的空间和形态，来满足现代人对高品质生活的需求，同时和谐地融入当地环境。

项目信息

设计单位：合木建筑工作室（Atelier Heimat）

项目地点：陕西省渭南市合阳县刘彦村

项目功能：居住、聚会

建筑面积：80平方米

结构形式：半木框架系统

设计时间：2013年

施工时间：2013年

张东光　刘文娟

临时性的编织构筑
——驿道廊桥改造

一、背景

近几年在"乡建"热潮的推动下，越来越多的建筑师进入乡村开展实践工作。区别于城市建设，乡村建设有其自身的多元性和复杂性，建筑师以何种姿态介入乡村也成为学界讨论的热点话题。普遍情况下，在由政府主导的"自上而下"的乡村项目中，建筑师的工作通常被限定在物质层面的建设，做被动的技术服务工作。

不容忽视的另一个现象是，政府主导的乡村建设项目，往往是短时间内成规模地完成。此种模式不仅损坏了村庄的自然生长、自我调节能力，而且还存在工程耗材巨大、生态环境破坏的问题。

在上述背景下，本项目试图在有限的条件内，能够兼顾多重复杂的问题和状况，在探索专业问题的同时，希望对社区生活做出些许有益的改变。

二、场地

项目位于河北省阜平县八里庄村。村庄坐落在四周环山的沟域地带，两条内穿河流将村庄划分为三个居住片区，一座建于2013年的桥连接东西两岸（图1）。桥上视野开阔：河岸两侧树木丛生，河道内卵石铺陈，河水四季长流，远山遥相呼应，颇有一番野趣。桥面总长度为50米左右，宽度约为4米；桥面为混凝土铺设，金属圆管栏杆（图2）；本意是考虑村内车辆通行，但因桥东端的民房密集、道路狭窄而无法通车。

三、空间转化

从使用的角度，大尺度的桥面只用于村民和少量摩托车的通行，难免有些浪费，并且在烈日或雨雪天气行走其上的感受并不好；稀疏的横向栏杆在安全防护上也存在一定的风险。另外，村内没有一个供村民活动的公共场所，人们往往是在路边、街角、屋檐、树荫等处小聚、休息。

两方面的主要因素促使设计概念的产生，将单纯的交通通道转化为村民活动的公共空间。车辆行驶尺度的桥面通过设计手段转变为适宜行人的尺度，在保证行人通行的前提下设置出可供停留休息的区

图1 项目位置（张东光 绘）

图2 现状照片（张东光 摄）

域，并希望能够承载多种活动行为发生；同时在空间上增加一些趣味性，丰富穿行、观景的感受。

四、临时性的介入

确定了改造的目标之后，接下来是采用哪种具体的方式去实现。在当前村庄整体快速更新的背景下，很多决策并不能兼顾到长期的需求；考虑到项目所在村庄将来存在着规划和道路调整的可能性，此桥的使用功能也就可能发生变化。因此，本次改造不仅要完成功能的转换，还需要考虑未来功能的再次转换。

设计以临时性应对村庄未来变化的不确定性。将改造新增加的部分设计为独立的结构体，站立在桥面上，从而在施工时不需要破坏原有桥体。在建造上采用简便的方式，为以后的变动留有余地，一旦拆除其材料还可以回收再利用。综合考虑，最终采用了轻型木结构加建的方式（图3）。

图3　原桥面上的木结构加建（张东光　摄）

五、材料与结构

　　在材料方面，选择了较为成熟的、市面常见的成品防腐木，成品规格料的好处是不需要在现场进行过多的二次加工，减少了现场的材料浪费和施工作业量。本设计只运用了同一种断面尺寸的木方料，将材料和构造类型尽可能的减少。统一的构件尺寸、简化的构造措施，使得施工简单易行，整个桥主要由3名木工完成（图4）。

　　木方杆件进行穿插、连接、组合，形成独立的结构体及空间围合。如同农民用秸秆制作菜园篱笆一样，将木方杆件编织成面（图5），再由面组合形成空间。借助原有金属栏杆辅助使竖向墙体稳定站立，密集杆件的墙体相应地遮盖了原有栏杆；地面杆件的连接能够起到稳固墙体根部的作用。地面、墙体、屋面从而形成独立的整体结构单元，此种操作方式在整个加建的木结构部分一以贯之（图6）。

　　温暖的木材质使得行人愿意亲近、触摸，编织构造产生的缝隙将阳光过滤，使内部空间更加动人（图7）。对栏杆的包裹不仅增加了行人心理上的安全感，也使人更愿意靠近栏杆去欣赏桥两侧的乡野风景（图8）。

图4　整洁的施工过程
（张东光　摄）

图5　编织的构造
（张东光　摄）

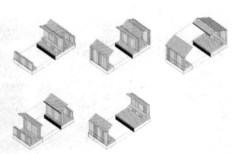
图6　五种结构单元（张东光　绘）

图7 编织构造带来的光影效果（张东光 摄）

图8 包裹的空间感（张东光 摄）

六、空间与尺度

考虑到行人在桥面上可能发生的行为，设计用木杆件组合成五种不同的剖面形式（图9）。可供老人休息晒太阳、孩童玩耍、村民相聚商讨公共事务、游人凭栏眺望四周风景（图10）。

不同的剖面空间再进行组合，将桥面从车辆通行的尺度转变为人

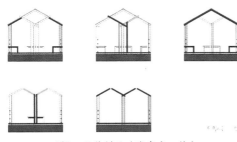

图9 五种剖面（张东光 绘）

图10 穿行的孩童（霍莹 摄）

的行为尺度，同时把桥划分为步移景异的不同段落（图11、图12）。
桥本身、桥上的人、与周边的村庄、自然元素，互为风景的一部分
（图13，图14，图15）。

⓪ 0 2 4 8m

图11　平面图（张东光　绘）

图12　整体轴测图（张东光　绘）

图13　从村外公路上看桥（张东光　摄）

图14　西侧路上看桥（张东光　摄）

图15　雪后整体景象（张东光　摄）

七、加建与原桥的关系

加建的木结构部分与原有桥体都
有其各自的结构，从而满足各种荷载
和力学要求，解决各自的跨度或覆盖
问题。从整体角度看，加建部分可以
看成是原桥的附属，而非原桥体结构
的延伸；其特性和生命周期与原桥体
是不同的，较容易更换以适应不同的
需求。

加建与原结构之间轻轻相触，上
下两部分界定清晰，木结构站立于原
桥面之上，而非长于其上。对于原
桥，加建部分像是它的屋盖，或者说

图16　材质与肌理（张东光　摄）

是顶部的表皮；而对于木结构部分，下部则是它的基座。加建与原桥
的相对独立，又共同构成一个整体。

石块砌筑的基础、钢筋混凝土浇筑的水平桥面板、编织的木结构
杆件，三部分材料不同、肌理不同、建造方式不同，在整体之中承担
着不同的作用，并且清晰地展示着桥的生长过程（图16）。

八、结语

目前，改造项目在乡村建设中大量存在，改造的目标和意义，以
及采用何种态度、何种方法改造都值得我们深入探讨。从专业角度
看，本项目的设计长远考虑了村庄随着时间发展而发生变化的可能，
探讨了加建部分与原有桥体之间的关系，以及对项目本身与村庄、村

民生活、公共事件如何链接的思考。

项目在实施过程中，即有村民发现此处，时常过来休息闲坐，并对正在施工的项目热议品评。村内一名老人为改造后的桥赋诗一首，并将其命名为"驿道廊桥"，设计团队亦欣然采纳。

项目信息

设计主持：张东光

设计团队：张东光、张意姝、刘文娟、李伟杰、张钰雯、宁正阳

施工单位：河北泽田园林绿化工程有限公司

规划设计：乡建院乡村持续发展工作室

项目地点：河北省阜平县八里庄村

建筑面积：193平方米

结构形式：轻木结构

设计时间：2016年5月—2016年7月

施工时间：2016年9月—2017年1月

景观篇

景观在乡村社区再建中的作用

房木生

作为一种再建的社区，建筑及规划都已经有现成的场所，景观，在乡村建设设计中，显得极为重要。

"中国正处于重构乡村和城市景观的重要历史时期。城市化、全球化以及唯物主义向未来几十年的景观设计学提出了三大挑战：能源、资源与环境危机带来的可持续性挑战，关于中华民族文化身份的挑战，重建精神信仰的挑战。……在景观界面上，各种自然和生物过程、历史和文化过程，以及社会和精神过程发生并相互作用着，而景观设计本质上就是协调这些过程的科学和艺术。"俞孔坚教授在《定位当代景观设计学——生存的艺术》一书中，为景观在乡村和城市中的作用提出了较为全面的定义。

景观设计，涵盖乡村外部大部分空间的设计，在水流、树木、田园、道路等方面的处理，面对环境资源的利用和处理，都有直接的作用。在乡村，人类直接面对自然和各类生物，如何协调这其中的关系，需要通过景观设计这种手段去平衡，需要景观的科学和艺术视角去达到。

在乡村文化及文化身份的审视和重建过程中，景观设计也能发挥极大的作用。在全球化和城市化的狂澜及经济的不平衡对照之下，经过漫长时间沉淀发展出来的传统文化面临着巨大的身份危机。外来的文化，以一种高踞的姿态，受到了外来人群想当然的挟持和内部人群的臣服。如何让已经存活漫长历史的乡村文化得以存续和发展？如何让经过漫长历史生长出来的独特文化在一个大同世界里贡献其文化的多样性？如何结合外来的已经通用的文化找寻融合的接口而达到共生？乡村的景观设计手段，无疑是可以尝试解决以上问题的有力抓手。

人是有精神性生活的生物，精神信仰往往也支撑着人类的发展进步，而非仅仅是物质上的占有和获得。科学和经济的发展，让乡村人们的精神信仰产生了极大的变化。如何重建乡村人们的精神生活与精神信仰，让乡村重现勃勃生机？景观设计手段在人类面对乡村自然、文化、生活的精神性营造中，也有着天然有利的优势。景观设计是一种媒介，能让人与自然、文化及生活通过景观场所黏合起来，从而产生有精神性的意象，反过来再铸人类的精神及信仰。

相比于规划、建筑和室内，景观设计在乡村社区空间中的实操性、开放性、公共性、自然结合及精神构筑方面都有其独特的作用。因此，在乡村社区空间的再造设计中，我们往往把景观的再造和设计作为最先考虑的手段。

景观，让乡村更美好。

"乡村五行"的设计，让乡村生活回归自然

房木生

乡村，在人类聚居地里，往往站在与自然相接的最前沿。因此，回归乡村，隐含的意义里，是包含了回归自然。"久在樊笼里，复得返自然。"陶渊明在《归园田居·其一》中，明确地表达了这种意象。

中国传统中的"五行"，金木水火土，五种自然的基本元素，相生相克，自然元素也转化为了文化元素。笔者一直关注一种"基本"的设计视角，自然的基本性感知，文化的本质性追问，经常成为我们设计的一些基本出发点。这样，在接触乡村设计过程中，"五行"这五种基本元素，就一直陪伴在我们的乡村设计过程中。

乡建五行，乡建吾行。

一、火

让已经逐渐萧条的，找回温度，找回人气，是我们的进村初始的愿望。

　　最直接的动作，是我们在一个北方的山村院落里设计砌筑了一个圆形的火塘（图1）。

　　当柴火熊熊燃烧起来，光与热在发散，人类亘古以来对火这种自然元素深入骨髓的热爱、温暖记忆似乎就瞬间打开。可以围着篝火轻松地聊天，可以烤玉米、红薯、肉串，满足口舌之美，可以纯粹发呆看着火生了又熄了……在明火渐渐远离了城市人们的年代，一个夜空下的篝火，吸引了无数远道而来的人们，入住在这个篝火周边被改造过的民宿里（图2~图4）。这个山村，也因此开始了因为城乡互动共生出的乡村振兴。

图1　燃烧废弃木材的火塘（房木生　摄）

图2　清晨的火塘，仍然保留余烬，显示前晚的聚会场景（房木生　摄）

图3　有篝火的乡村夜晚，为人与人之间的交流带来凝聚作用（房木生　摄）

图4　围炉夜话（房木生　摄）

二、木

　　生长的树木，给人以生机盎然的感觉，也是我们在乡村里进行空间场所设计改造的坐标参照系。自然生长的树木，无论什么树种，其自然的美感，与我们参照它设计出来的场所，总会相得益彰。淄博市东庄村，几棵香椿树下的砖砌平台，一棵国槐树及几棵泡桐树荫下的"平安门"，以两棵柳树中间为对景的"东庄之圆"……设计师小心翼翼地保护现有的树木，并以此为出发点给出的设计，成为乡村最有辨识度的景观（图5、图6）。

图5　精心保留下来的香椿树，为乡村院落增辉（房木生　摄）

图6　结合树木营建的圆形砖框，成为村内一景（房木生　摄）

　　即使是已经枯死的树枝，因为其自然的形状，也会被设计师利用起来，成为特别的软装配饰。枯枝被刷上彩色油漆，缠上灯具，挂在屋顶上，就成为乡村餐厅中一种自然的吊饰（图7）。

图7　用树枝做的吊灯，乡土而时尚（房木生　摄）

三、水

因势利导，把乡村里的雨水、溪水利用起来，往往就成为乡村特殊的体验性景观。淄博市土峪村的雨水，就是这样被利用起来了，有小瀑小潭，活化了许多原来消极的角落空间，成为村民喜爱驻足的公共性场所。

在广西靖西雷屯，设计师则利用现有的河道，设计了一个天然的却又安全的自然游泳池（图8~图10）。让乡村里和到乡村里来的人们，

图8 把废弃的空间，设计为一个可以储水游玩的水塘平台空间，增加乡村景观层次（房木生 摄）

图9 利用现有交通河道元素，改建为一个天然泳池，让人们可以接触自然

图10 天然泳池成为了入村的景观，也成为乡村自然的代言

真正在自然条件下游泳，亲密接触河水卵石，何尝不是一种幸福?

四、土

挖掘乡村本土的文化，利用乡村本土的材料去营造空间，是我们在乡村设计策略上的一个基本出发点。在淄博市土峪村，我们用混凝土及石头设计了一个"土"字村标，直接回应了村里"石头村"的建造传统和村内有教堂等特点（图11）。

图11　山东淄博土峪村的"土"字村标（房木生　摄）

在交通与通信不发达年代，乡村是一个个相对封闭的小文化圈。这种封闭，就地自然取材，也造就了各地独特的人居文化，我们可以说它是土文化。显然，土文化是乡村最为宝贵的资源，我们在设计中要极力保护。而当原来封闭的圈子被打破之后，乡村无可避免地面对"洋"的问题。这里的"洋"，不仅指西洋或东洋文化，是指一切外面加入进来的文化，包括城里或别的村里来的各种观念。

在一个全球化的世界里，土与洋还要在某种层面上进行相互的融合，达到共生的状态。

五、金

乡村的振兴，需要经历组织乡村、建设乡村、经营乡村这三个过程。笔者所在的乡建院，提出通过内置金融合作社的方式，用金融的方式把人们组织起来，收储闲置的资产，壮大集体经济，建设乡村软硬件，再把生产生活生态好好地经营起来。在这里，金融介入到乡村内部社区里面，成为乡村振兴的一种催化剂。

在空间设计上，金属作为一种坚固耐用的材料，也被我们纳入到乡土设计中。连接两边的桥，连接上下的楼梯，用钢木结构，形成轻巧而经济的实用空间，让人们可以与自然近距离地实现接触，回归自然（图12）。

其实，自然的千变万化，能采辑并融入到乡村社区设计里面的自然元素，远比这"五行"要多，自然其实是人类取之不尽的精神和物质财富之泉。人类来自自然，也将回归自然。因此，让自然元素在乡村规划设计中展现其无边的魅力，无疑是乡村设计里经常用到的手段。

图12　山东淄博东庄村的钢结构连桥（房木生　摄）

项目信息

项目名称：淄博市淄川区土峪村及东庄村、靖西市雷屯相关小品项目

项目时间：2016年2月—2018年11月

设计：乡建院城乡共生工作室、房木生景观设计（北京）有限公司

业主：淄博市淄川区人民政府、靖西市人民政府

主持设计师：房木生

执行设计经理：吴云、苏亚玲

设计团队：刘双、翟娜、蔡丽平、邓伟、刘文雯、马家乐等

地址：山东省淄博市淄川区洪山镇土峪村，西河镇东庄村、靖西市雷屯

傅英斌

聚水而乐：基于生态示范的乡村公共空间修复
——广州莲麻村生态雨水花园设计

广州莲麻村生态雨水花园位于广州市从化区莲麻村村委会附近，包括村委会前已经硬化的场坝及南侧的空地，基地面积670平方米。项目于2015年7—8月开始设计，整体于11月竣工。接手项目时，村委会前场坝空间局促单调，缺少活动及休憩设施；南侧空地原为废弃鱼塘，由于地势低洼，周围多个雨水口汇集于此，造成常年积水，加之垃圾倾倒遍地无人清理，成为影响周围环境和村民生活质量的问题地块（图1、图2）。莲麻村近年实施雨水工程和管线铺设，但由于沿用建设城市的惯性思路，地面过度硬化，农村区域又缺少人员及时管理维护，每逢雨季，地表径流大面积滞留，无法及时存蓄下渗到周边的自然土壤。在推进现代化市政设施建设同时，设计中忽视必要的生态措施，使自然生态的乡村水循环系统遭到破坏，依靠排水管道的雨洪管理方式不能完全"代谢"；由于硬质化造成地表水土流失、局域本底环境改变、本地植物凋零等生态问题。

图1　地势低洼

图2　雨水口

　　设计以水为切入点，针对场地问题，试图塑造亲切闲逸的临水活动空间，重拾岭南乡村以水叙事的传统，探索乡村公共活动与生态景观的融合（图3）。

一、整体策略

　　（1）通过打破场地边界，将鱼塘与村委会广场连接为一体，破除村委会的行政化印象，提升村委广场的亲和力（图4）；增加滨水活动及亲水空间，将原本局

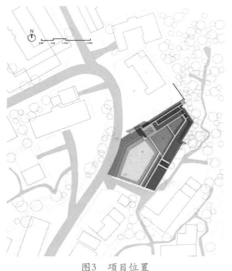

图3　项目位置

促的车行道转弯予以拓展，提高舒适度；植入景观构筑，改变原有视线焦点，将人的活动引入场地，丰富场地的空间形态（图5）。

　　（2）运用海绵效应，就地化解矛盾。将雨水就地蓄留、就地消化旱涝问题，即通过简单的挖方和填方，解决低洼地的积水问题，形成了洼地与高岗地相结合的"海绵"系统。

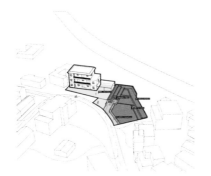

图4　项目与村委会的位置关系

图5　场地空间形态

将雨水快速排掉，是排水工程的基本目标，这种行为却会导致洪水被聚集和加速，其破坏力被强化、上游的灾害转嫁给下游；硬化工程导致水与生物分离、水与土地分离。通过简单的填挖方，可以建立梯田，减缓山坡下来的地表径流，削减洪峰强度，调节季节性雨水流量；

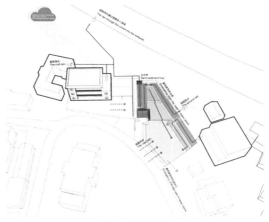

图6　方案设计

它们的方位、形式、深度都依据地质、地形因素和水流分析而设定。这些梯田状栖息地根据不同的水质和土壤环境种植了乡土植被，减缓了水流，使水中的污染物和营养物质被土壤微生物和植物所吸收。生态雨水花园设计将与雨水对抗变为和谐共生，充分利用广州地区降雨充沛、气候湿润的特点，形成雨季旱季差异性景观，将环境教育、生态示范与景观结合（图6）。

二、雨水净化

雨水在降落过程中，空气中的溶解性气体、溶解或悬浮状固体、重金属及细菌等会进入其中。地表径流中的污染物主要来自降雨对地表的冲刷。整个雨水花园湿地是一个有生命的雨水净化系统，将雨水经过人工湿地系统进行生物处理达到雨水净化的效果（图7）。经过沉砂池去除大颗粒悬浮物及泥沙的雨水进入湿地系统。

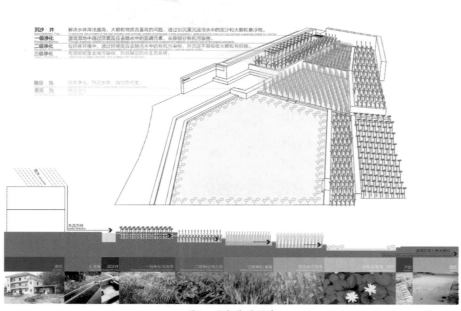

图7 雨水花园湿地

人工湿地对生化耗氧量（BOD）、化学耗氧量（COD）、水质中的悬浮物（SS）有较好的祛除效果。这主要是由于水生植物和泥土对雨水中的SS有截留作用。在植物根系周围，较远处以及更远处则会不同程度地形成好氧、缺氧、厌氧环境，有效地去除雨水中的生化耗氧量和化学耗氧量。项目通过一系列说明将净化原理及过程以图文形式予以展示和讲解，将复杂的净化原理图形化，并对每种植物予以说明介绍，在实现雨水净化功能的同时对游客进行生态展示和生态教育，普及雨水生态净化知识，将科普融入场地之中，雨水净化过程的重要节点和过程均实现可视可读。进出水口，溢水通道等主要流程节点均被精心设计展现，整个过程可视可读，参观者与设计者形成良性互动。

三、低技策略

低技策略首先体现在聘请本地石匠。由于乡村工匠普遍无法看懂图纸，现场90%的工程量由设计师亲自参与放线以及动手示范工艺，经验建造作为施工主线贯穿始终，并且产生了许多意外的效果。现场调整施工工艺，材料选择，甚至平面形态在施工过程中都在不断进行调整，整个施工过程也是一个再设计过程。当地工人由于缺乏正规施工训练，无法将场地砖缝铺砌整齐，因此设计师调整了工艺要求，顺应施工水平对砖缝问题不做要求并引导工人，地面铺装采用红砖立铺，将原本的施工错误变成特殊铺装效果，在地面形成了起伏波动的砖缝效果。村民积极参与施工过程，妇女参与了竹竿的绑扎，不仅极大地节省了人工成本，还普及了竹子绑扎工艺，方便将来的维护维修，村民无须请技术工人就可以自行修复破损，为村庄的改造建设提供了工艺样本。这种共同参与的建造方式也激发了村民的主动性，为施工效

率以及日后维护产生了积极影响。

四、废旧材料利用

项目积极采用了废弃及乡土材料等低能耗、可降解的建筑材料以减少对环境的影响。村庄附近维修道路拆除路面的大量混凝土被作为建筑垃圾运走，通过协调相关施工方，将废弃混凝土块用于挡墙砌筑和滨水石阶铺砌，结合本地红砖的地面铺装不仅极大节省了建造成本，而且通过材料的巧妙利用形成了特殊的形式语言和美学效果（图8）。核心的竹亭构筑物就地取材采用了本地竹竿，节省造价的同时体现乡土材料特色。

广州莲麻村生态雨水花园建成后集生态示范、环境教育、雨洪管理、游憩休闲于一体，成为备受村民及游客欢迎的公共空间，通过对场地问题分析，结合当地的乡土营造方式，对乡村的水生态进行有效探索（图9）。

图8 废旧材料再利用

图9　生态雨水花园建成现状

项目信息

　　主创设计师：傅英斌

　　地点：广州市从化区

　　面积：640平方米

　　设计时间：2015年9月

　　完工时间：2015年11月

活泼的连接
——贵州茅石镇中关村人行桥设计

傅英斌　张浩然

"我们现在修筑的，不是一座桥，而是两座桥。一座是物质上的桥，另一座是人与人之间的桥；后者更加重要。"

一、起因

项目位于贵州桐梓中关村，当地人的生活与一条河息息相关（图1）。贯通南北的河将村子划分为二，阻隔了东西两岸人们的正常联系与交往，架在河上的几根电线杆是人们赖以通行的唯一路径。由于地处山区，每年夏秋之交的丰水期雨量集中，导致河水上涨将这座桥淹没，渡河便成

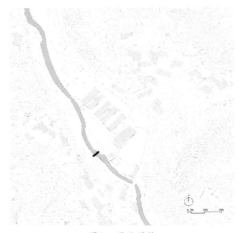

图1　项目区位

了一件艰难而危险的事
情（图2）。因此，在此
建桥，不仅是一件改善当
地村民出行条件的迫切之
事，还可以将桥作为纽
带，重建人们与村落、自
然之间的关系。

图2　原状照片

二、设计

（一）桥墩与基础

村落地理位置偏僻，作为主要施工人员的村民们掌握的技术十分简陋，这也限制了设计的复杂程度。为了保证在下一个雨季前能够完成施工，让村民正常通行，建设周期须尽可能地缩短，各种条件导致高技术含量的桥梁施工在此很难实现。因此，需要借助一种简便且稳定的材料及施工方式，我们选用了在水利工程里常见的石笼网箱工艺，经过特殊处理的高强度镀锌钢丝经过PVC防腐包覆加工后编织成网箱，装填石料后经过绑扎即成石笼网箱，其特有的柔性结构使之既牢固稳定耐冲刷，而且可以抵御一定程度的沉降和形变，施工简便，造价低廉，不需要机械，非常适合在山区等技术设备受限的场地施工（图3、图4）。为保证足够的桥墩重力并减小迎水面所受的冲击，桥墩采用船体形式，面宽1米，顺水纵深4米。放置网箱前预先平整河床，浇筑混凝土基础（图5）。

一段时间后河水中的泥沙及悬浮物会沉积于网箱石缝之中，慢慢成长出植物，使之与自然融为一体。

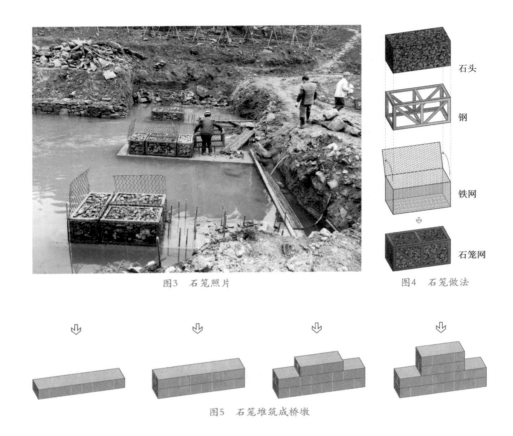

图3　石笼照片　　　　图4　石笼做法

图5　石笼堆筑成桥墩

（二）桥面

三跨的人行桥的桥面为钢结构，总共三段，每段分开焊接制作，通过螺栓连接。电焊工是在中国任何城乡都可以找到的成熟技术工种。易于购买的规格钢材和成熟的制作技术使桥面可以在现场短时间加工完成。作为人行桥，我们希望过桥的同时能够有丰富的体验，选取一种可以看到河水的通透材料作为桥面材料，在经过多番选择比较后，最后选定使用钢跳板作为桥面，用于脚手架的钢跳板是一种被广泛应用的成品材料。跳板经过整体镀锌后极为耐腐耐压，作为桥梁使用和磨损程度最高的桥面来说最合适不过，而且钢跳板面层为高强度的镀锌钢网，满足桥面的通透需求，行人可以透过桥面看到河水（图6~图8）。为了方便女士，在桥面上还铺设了一条60厘米宽的钢板带，女士过桥也不必担心高跟鞋被卡住的问题。

（三）灯杆扶手

桥身和桥面充满工业感的冷峻钢材难免少了一丝亲切，为了与环境形成良好呼应，灯杆和扶手秉承就地取材的原则，选用道地的乡间

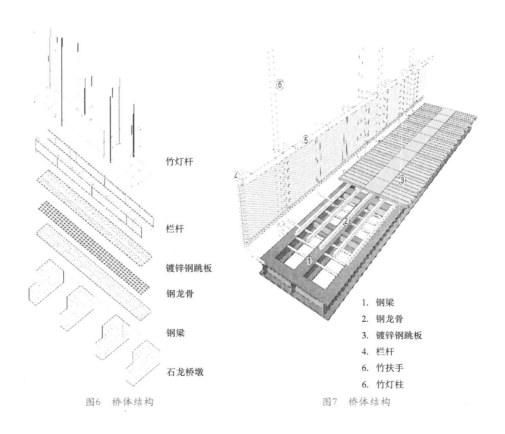

竹灯杆

栏杆

镀锌钢跳板

钢龙骨

钢梁

石龙桥墩

1. 钢梁
2. 钢龙骨
3. 镀锌钢跳板
4. 栏杆
6. 竹扶手
6. 竹灯柱

图6　桥体结构　　　　　　　　　图7　桥体结构

图8　桥体结构

图9　竹灯杆加工过程

图10　灯杆安装

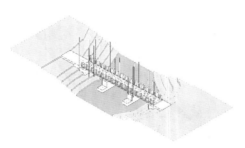

图11　轴测图

图12　立面图

材料——竹子，内部通体打穿并埋入照明线路（图9~图12）。高高耸立的灯杆与河中绵延的芦苇荡遥相呼应，让桥与自然融为一体。夜幕降临后亮起的竹灯杆，仿佛在寂静山野中点亮的盏盏蜡烛，为山村平添一点诗意（图13）。

图13　夜景照片

三、营造

　　建设的过程是设计师与村民相互依赖相互协作的过程。自古以来筑桥修路在乡村都是一件累积功德造福子孙的大事，古时村民们甚至要在建好的桥边立上一块功德碑以表感激。村里的男人们负担起填运

石料，搬放钢架的重活。上梁要请最有威望的老人特意选定好时辰，几乎全村百姓都来到了现场观看，一番仪式后，全村青壮年一同上阵抬梁，梁板安放到位后鞭炮声响彻山谷（图14～图16）。这座完全由村民亲手共建的桥，

图14　村民一起抬钢梁

图15　钢梁安装

图16　上梁时现场照片

图17　桥上奔跑的儿童

图18　桥头空间

将全村的人联结起来，亦让人们重拾起对家乡和土地的深厚情感。

四、结语

完工后的步行桥成为了小山村的地标。朴素而和谐。筑桥，本是普普通通的营造，却在乡间重新焕发了新的活力。孩子们兴奋好奇地打量脚下的钢板，在桥上奔跑踩出响声，年轻的情侣倚着栏杆互诉衷肠，古稀老人也在蹒跚经过时感叹一番如今的便捷安稳。清晨和傍晚，村民们自发来到这里赏景闲聊。它不仅解决了交通问题，也成了新的公共空间和交流场所（图17~图21）。

图19　建成照片1

图20　建成照片2

图21　在桥墩上读书

　　无论横跨的河流是细小或宽阔，桥的重生为整个乡村注入了新的活力。我们相信，筑桥的意义不止于完成桥的本身，更多的，是连接两岸人与人的关系，并让这纽带在时间的长河里历久长存。

项目信息

主创设计师：傅英斌

团队：张浩然、闫璐

文：闫璐

摄影：焦冬子、傅英斌、张浩然

设计单位：乡建院

建造时间：2016年4月—2016年5月

项目位置：贵州省桐梓县中关村

材料：成品网箱、石料、钢材、钢跳板、竹子、混凝土等

从场地到场所
——环境教育主题儿童乐园设计

傅英斌　张浩然

一、缘起

项目位于贵州北部山区，隶属于桐梓县的中关村。不同于北京中关村，这里经济落后，地处偏远，距离最近的县城也有一小时车程的山路。

初到中关村，村里的孩子们引起了我们的注意，他们父母多在城里打工，留给爷爷奶奶来照顾吃住。由于经济条件和意识的局限，使得父母只关心孩子会不会"长大"，无力关心孩子怎样"成长"。而扶贫政策指导下的乡建，大多围绕产业、文化、就业等问题展开，建设大潮并没有直接惠及孩子们。

我们希望能为村里的孩子做点什么，能够让他们感受到温暖和亲切的事。我们决定从建设儿童乐园开始。

二、方案设计

　　方案的成形来自多方面的考虑，空间上满足乡村儿童活动的需求，材料和施工则注重低成本、低技术建设，更深远的意义则是我们对于儿童环境教育的考虑（图1、图2）。

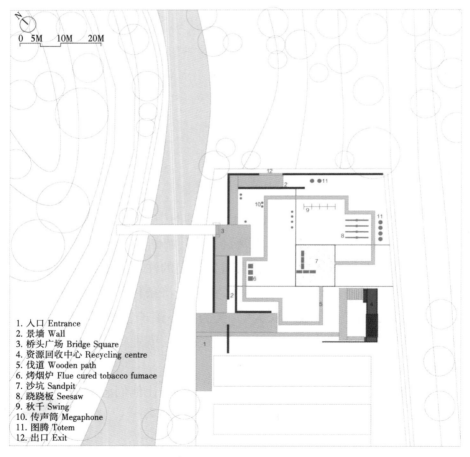

1. 入口 Entrance
2. 景墙 Wall
3. 桥头广场 Bridge Square
4. 资源回收中心 Recycling centre
5. 伐道 Wooden path
6. 烤烟炉 Flue cured tobacco fumace
7. 沙坑 Sandpit
8. 跷跷板 Seesaw
9. 秋千 Swing
10. 传声筒 Megaphone
11. 图腾 Totem
12. 出口 Exit

图1　乙未园平面图。方案中利用矮墙划分空间，使外部交通与场地形成"相切"关系，保证空间的独立性同时，让场地处于被过路人群"看护"的状态下

轴测图

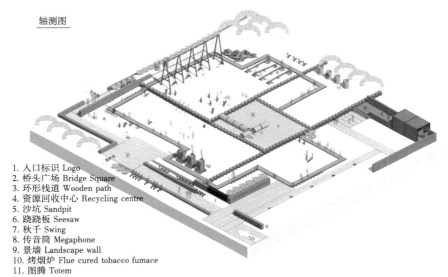

1. 入口标识 Logo
2. 桥头广场 Bridge Square
3. 环形栈道 Wooden path
4. 资源回收中心 Recycling centre
5. 沙坑 Sandpit
6. 跷跷板 Seesaw
7. 秋千 Swing
8. 传音筒 Megaphone
9. 景墙 Landscape wall
10. 烤烟炉 Flue cured tobacco fumace
11. 图腾 Totem

图2 轴测图。方案结合了原有地形，利用高差将场地划分为四级台地，放置环形栈道形成独立交通，并串联场地内的游乐设施

（一）材料的选择——乡村建设是"修旧起废"的智慧

大刀阔斧的乡村建设，留下了很多废料、工程尾料堆积在场地中，多数材料"留之无用，弃之可惜"最终堆砌在角落，不了了之。

"现代化"使得都市生活不得不嵌入巨大城市运行的节奏中，人尺度的动作早已失去了意义。正如这些零散的工程尾料，无法达到建设材料的标准规格，也很难再以"材料"的身份嵌入建设的流程当中。但是，在乡村，设计回归到人的尺度。模数、标准等要求显得无力。所有的设计和施工都可以"因材而异"。这正是乡村生活的智慧，可以拼拼凑凑，可以缝缝补补，一切发生皆是"因缘际会"。正因这样，才会有不同于城市，生动而丰富的乡村世界。

方案在设计中尽量容纳了更多的"废料"。我们用这些废料"拼凑"

出了一个乐园。材料的杂乱反而能够激发体验的丰富性。配合当地施工技术，更是给场地增添了本土特色。

（二）参与式营造——关系的产生是两段时间的缝合

我们试图让村民参与到项目的建设当中。一是希望获得因某些"不确定性"而产生的有趣结果。二是希望参与建设的过程能让人与场地产生天然的联系。设计中留有大量的空白，为村民的参与提供了可能性。我们准备了颜料和水泥，允许村民空白的地方写写画画，小朋友在水泥上印下植物的叶子，和自己的手掌、脚印，以及歪歪扭扭的字迹（图3、图4）。参与建设的结果充满惊喜，比如老支书给孩子们画的两个道教神符（图5）。

是人赋予场地温度，抑或是场地给人以记忆。参与让不同生命的两段时间缝合在一起，这便是人与人，人与场地之间关系的产生。

图3　小朋友在自制的水泥砖上留下手印和签名

图4　小朋友参与制作的植物水泥砖砌在了乐园的矮墙上

图5　老支书是村里的文化人，他坐在地上一个多小时，在水泥管上画神符。他认真的神态，让我们愿意相信这古老的信仰会有神奇的力量

（三）智慧的延续——教育是潜移默化的影响

此次建设中，我们用旧物与废料来营造儿童乐园，将乡村生活中节约与循环利用的思想，在这个乐园中以可见的方式呈现出来。场地中"资源回收中心"的设计，正是对于此次尝试的总结。

"资源回收中心"以红砖作为基础，方钢为骨架，表皮采用了工地常见的竹跳板（图6~图10）。材料易得且施工简单。建筑内可以收集玻璃、金属、纸张等常见材料。小朋友在穿过建筑时可以系统地了解资源回收再利用的做法及其对乡村环境改善的意义。

卢梭说：最好的教育就是，学生看不到教育的发生，却实实在在地影响着他们的心灵。这正是我们此次设计资源回收中心的企图，希望乡村中关于"节约"的智慧能成为一种习惯在下一代身上延续。

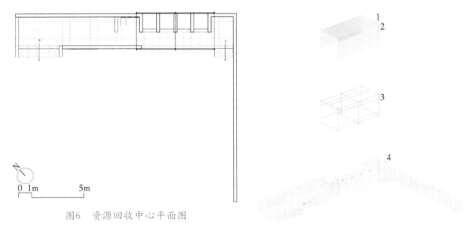

0 1m   5m

图6 资源回收中心平面图

1. 阳光板 2. 竹跳板 3. 100mm×50mm方钢 4. 红砖

图7 资源回收中心分解图

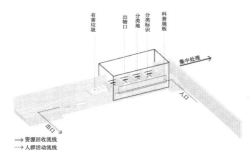

图8 资源回收中心运营示意图。建筑分为内外两条流线，旧物投放池也向内外两侧开口。内侧可供参观和投放旧物的人群使用（红色虚线）。外侧则可以有车辆通过，运走旧物以便集中处理

图9 资源回收中心建成效果——外观

图10 资源回收中心建成效果——内部

三、成果——"场地"到"场所"的转变

开园的那天，安静的山村再次被扰动起来，几乎所有的小朋友都来到了这里（图11~图15）。

看到乐园里热闹的景象，想起前人在讨论"场所精神"时提到，人对场地产生"认同感""归属感"等情感，"场地（site）"因此变成"场所（place）"。设计师并没有魔力能让一块场地直接转变为场所，项目的落成不是这个转变的结束，而是开始。我们能做的只是提供一个让村民愿意接受的场地，愿意开始在这块场地上生活。我们是播种者和

图11　俯瞰

图12　沙坑和水泥管（丁沁　摄）

图13　水管做的传声筒

图14　这个年纪的年轻人平时在村里很少见到，乐园建成后常常看到他们坐在这里聊天、看人

图15　乙未园——因为这次乡建工作开始于乙未年，我们和村民一起想了这个名字

身体力行的示范者。

"一棵树摇动另一棵树，一朵云推动另一朵云，一个灵魂唤醒另一个灵魂。生成自由，唤醒生命。"这正是我们来到农村，住在农村的意义。希望我们的工作，能给这里的村民带来一点点好的改变，希望我们的建设不辜负这块土地。

项目信息

项目位置：贵州省桐梓县中关村

项目面积：1200平方米

设计单位：乡建院傅英斌工作室

项目负责人：傅英斌

设计团队：傅英斌、张浩然、闫璐

竣工时间：2016年8月

图片来源：丁沁，张浩然

苏亚玲

在自然里寻找快乐：
同乐园
——淄博山头村树林乐园设计

　　设计前，我们意识到这里需要一个儿童乐园。完成后，没想到这里竟成为所有人的乐园（图1）。

　　现在的大多数乡村，基础硬件设施多已完善，道路通畅，房屋宽敞，广场摆着健身器材，还有各式各样的村口大门。而村里人的生活状态，似乎还停留在以前。城市化发展，乡村空心化，平时只有老人和极少的妇女在村里闲坐，聊些家长里短。很多时候，他们只是一起坐在路边或街角，晒太阳或乘凉，看着偶尔经过的路人，打个招呼寒暄一下，然后默默地不说话，因为也没有太多新鲜的谈资。村

图1　同乐园全景

里的孩子或忙于学业，或辗转于各种现代的娱乐方式，村庄不过是他们留宿的地方，没有了追逐的身影和打闹的笑声。这是乡村里不断重复的日常。

乡村设计，除了外在形象的好看，是否还有更重要的问题要关注？除了政府投放式地安置健身器材和文化广场，乡村应有怎样更实用且有活力的公共空间？面对村民的公共活动需求，设计无法大而全，其切入口又在哪里？或者说，激发乡村活力的"引爆点"在哪？

在淄博市周村区山头村，我们再一次探索，希望对以上问题有所回应。

一、设计背景

山头村，因位于凤凰山东麓而得名。所谓凤凰山，是一座很矮的小山，40分钟可上下走一圈，当地人自豪地说，"这是我们周村区最好的山。"确实，对于平原地貌的周村区来说，此话不假。而从城区来爬山，必过山头村，山头村对此也引以为傲。

山头村西低东高，向东进城，往西上山。山与村之间有一大片缓坡树林，种满杨树，长满杂草，只在夏天捉蝉时有人进入，平时无人注意。

夏末，在上山路旁的水塘边，我们选择了一小片树林，改造成"儿童乐园"。两个月的时间中，这里慢慢发生变化，终于在秋末，阳光洒满树林，这里变得多彩、富有生气（图2、图3）。

二、在地设计

在乡村做设计，我们是谨慎的。相比于城市，乡村相对闭塞，作为设计师，带到乡村的设计态度、设计想法、设计形式、建造方式对乡村来说都夹杂着些许的新鲜感，或出于认同、信任，或出于尝试的

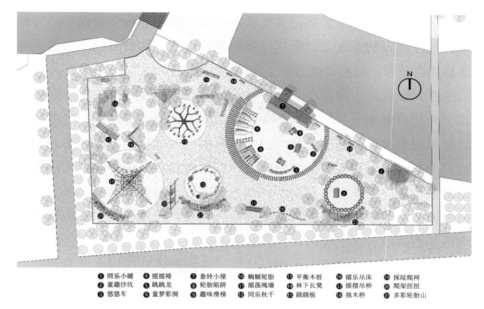

① 同乐小铺　④ 摇摇椅　⑦ 悬铃小屋　⑩ 蜿蜒轮胎　⑬ 平衡木桩　⑯ 嬉乐吊床　⑲ 探险爬网
② 童趣沙坑　⑤ 跳跳龙　⑧ 轮胎陷阱　⑪ 摇荡绳墙　⑭ 林下长凳　⑰ 摇摆吊桥　⑳ 爬架扭扭
③ 悠悠车　　⑥ 童梦彩洞　⑨ 趣味滑梯　⑫ 同乐秋千　⑮ 跷跷板　　⑱ 独木桥　　㉑ 多彩轮胎山

图2　乐园平面图

图3　树林和活动设施形成丰富的空间关系

想法,这些必然产生影响,主要反映在村庄后期的自主建设中和村民对待村庄建设的态度上。所以,我们通过设计传达的更深层次的内容显得尤为重要,包括设计态度、发展原则、设计关注点等。

首先要谈的一定是尊重。现场的一草一木、地形高差、空间边界都是场地的重要元素,特别是生长着的树木,饱含着场所的气韵,尤其要被尊重和保护。在自然生长的树林中,太过复杂的设计形式和语言都会显得强势和混乱。在设计上,利用卵石和木桩勾勒出大小不同的圆形,划分不同区域,用两种颜色的碎石子散铺于圆形内外,形成简单的图底关系。我们选择轻质地介入,意在达到树木生长和林下活动的多重需求。在活动内容方面,充分遵照空间特点。杨树经过多年的生长,有些长势旺盛,有些已枯死,自然形成四周树多荫蔽和中心树少开敞的不同空间。设计中,参与性强、易聚人的活动设于中心开敞处;有明确年龄倾向的活动位于边角;需要借树之力或林荫遮蔽的活动置于林中。中心处自然形成落差1.5米的斜坡,借势设计成滑梯。建造过程中,没有砍掉一棵树,希望达到人、设施、树林交融共生的状态(图4、图5)。

图4　在自然的树林中,以圆形未设计基本　　　图5　乐园活动内容设计充分尊重原生植物、现
形式语言,简单有力　　　　　　　　　　　状空间及地形特点

其次，不得不提的关键词是"适用"。适用涵盖广泛的内容，涉及经济条件、美学意义、使用功能、当地文化、建造技术、建造材料、政策导向，甚至政治需求等诸多方面。不考虑经济、使用和技术因素，单纯好看的设计在乡村是没有意义的。而仅限制于经济条件和领导需求的设计，往往对村庄发展没有太多贡献。这其中的平衡关系是十分微妙的。在山头，我们希望儿童乐园的建造材料来自乡村，或在当地极易获得；技术上本地普通工匠可以轻松完成；所有设施朴素、安全，有别于城市的成品游乐设施；在设计上留有余地，为现场建造留有尝试和发挥的空间；活动内容多样，覆盖不同年龄段的人群。最终，我们选择木材和轮胎为主要材料，配以当地工匠的手艺，不完美，但生动（图6、图7）。

此外，乡村项目必须要在意村庄"可持续"发展的问题。项目周期会结束，设计团队会撤出，而乡村要发展。在有限的建设过程中，如何为后续的发展埋下优质的种子，是设计师应思考的。在乐园的建设上，我们建议村庄成立施工队，承接乐园施工的工作。原因有三：一是可以借此培养本地工匠，日后要增添小设施或扩大乐园时，村庄可自行处理。二是村里人自己建设必然会更花心思，更有情感联结，

图6　乐园以当地易得的木材和轮胎为主要材料

图7　设计中充分考虑活动内容的乡土性和趣味性

图8　老少皆宜的秋千极具吸引力　　　　图9　十几岁的孩子最喜欢的是攀爬网，因为有
挑战性

建成后也会更珍惜。三是希望借此为村里工匠增加经济收益。但因各种原因未能如愿，还是请来了其他施工队实施。好在村里的一位"资深木工"一直跟踪项目进行，常提出有效改进意见。建成后，我问他建造技术是不是很容易。他用淄博方言笑着说："没有一点儿难度。"这便是埋下的种子，希望能慢慢发芽、生长。

　　最终，乐园共建成了十余项活动设施，沙坑、摇椅等缓和的活动适合幼儿；攀爬网、攀爬架等有刺激性的活动适合少年儿童；滑梯、秋千、跷跷板、小吊桥、吊床、木屋等参与性强的活动适合各年龄阶段儿童（图8、图9）。整个乐园藏在树林中，但树林藏不住欢乐，笑声传到了远方。

三、"意外"的访客

　　最初的想法是设计一处给孩子们玩的儿童乐园。最终完成的效果也很喜人。每逢周末，都有很多家长带着孩子来乐园，从一两岁刚刚会走的幼儿，到十几岁上初中的孩子，除了本村的孩子，还有隔壁村的，甚至是从周村城区来的。很多设施也被挖掘出了新的玩法，最受欢迎的滑梯和秋千，有时竟要排队（图10~图12）。时常看到孩子玩得尽兴不想走，父母要硬拉着孩子才能离开的情景。

渐渐地，我们发现了一些"意外"的景象。在乐园未完工时，就有村里的老人或妇女来，常常时两三个人一起，荡荡秋千，晒晒太阳，聊聊天。建成后，一些带着孩子来的父母长辈，都要亲自滑一下滑梯，荡一下秋千，爬一下爬网，找一找童年的感觉。有位五六十岁

图11 简单的设施也能激发孩子的乐趣

图10 姐妹俩从城区来，在乐园玩了一个上午，不愿离开

图12 弹力绳的"门帘"、风车、风铃增加了小屋的趣味性

的老人连续几日都和老伴一起过来，他们住在凤凰山另一面的村庄，都是老伴骑电动车带她过来，老人开朗爱笑，独爱吊篮式的秋千，每次来都摇很久，她说这个最舒服（图13）。有一日下午，两三个中年妇女穿着红色上衣，精神抖擞，伴着音乐，跳起广场舞来。据说她们住在比较远的村，在山头村有亲戚，听说这边建了乐园，特意来"尬舞"（图14）。还有一位七十多岁的老人在树荫下唱歌，旁边坐着几个同龄的"粉丝"。老人唱完被要求再来一首，微笑着拿出手绢包裹的口琴，又表演了一番，粉丝们都说老人多才多艺。村里有几位八九十多岁的老人，只要天气晴朗，都会来乐园坐坐，她们有些耳背，但腿脚还利落，喜欢坐在边上有阳光的摇椅上，看着嬉闹的人群（图15）……

后来，我们意识到这里不应该叫儿童乐园，至少这里的"儿童"应该是广义的，涵盖全龄人的，包括年龄小的"儿童"，也包括年龄较大的"顽童"。所以我们把这里叫"同乐园"。"同"意为"共"，

图13　隔壁村的老人独爱吊篮式秋千

图14　其他村的妇女自带设备来乐园"尬舞"

图15　村里八九十岁的老人坐在摇椅上，看着热闹的人群

是人与自然共生共存的状态。"同"指一起，所有人，不分年龄、性别，甚至是一家三代人，都可以在这里找到乐趣。而且"同"与"童"同音，希望所有人来这里都能释放天性，放下矜持，找到童年的美好，小孩儿能做纯真的儿童，大人能做快乐的"老顽童"（图16）。

同乐园的故事还在继续，超出预期的使用状态，像是兴奋剂，让设计变得更鲜活生动。而使用者脸上的笑容，是对设计价值最大的肯定。

设计对人的关注是我们一直探讨的问题。在轰轰烈烈的乡村建设中，设计师如何面对乡村最真实的使用需求？作为设计师，如何为活化乡村贡献一己之力？这不是最完美答案，我们的探索将会持续，希望每一次的小成果都没有让本地人失望。

图16　同乐园里纯真的儿童和快乐的"老顽童"

项目信息

项目名称：山头村同乐园设计

项目时间：2018年2月—2018年11月

整体设计：乡建院城乡共生工作室

业主：淄博市周村区人民政府、周村区南郊镇人民政府、南郊镇山头村村委

面积：约2700平方米

主持设计师：房木生、苏亚玲

设计团队：吴云、刘文雯、马家乐、孙骄阳

地址：山东省淄博市周村区南郊镇山头村

摄影：房木生，苏亚玲，丁沁，马家乐

赵金祥

"共享共治"式乡村公共空间

——重庆市城口县巴山镇坪上村外部空间建设实践

"久不唱歌忘了歌，久不行船忘了河，久不归家忘了路"一位老人用山歌为我们讲述了被淹在湖中老家的故事。

一、村庄的集体记忆

城口县巴山镇地处川陕渝三省交界处，巴山镇的坪上村是一个背靠大巴山面朝巴山湖的移民新村，村庄沿道路呈线形分布在山腰处，村民是库区移民时从周边集中安置此处，呈现小聚居大分散布局，因库区湖岸坡度大导致适宜建设的公共空间缺乏以及新村民之间的陌生感等原因，村民公共活动空间受限，在乡村旅游旺季还要面对游客停车疏散与垃圾治理等问题。由此，为村民和游客打造一系列满足生产生活需要，且有助于乡村旅游发展的"共享共治"式公共空间，成为迫切需求。

二、重建联系

一个村庄的集体记忆对人居环境生成的作用影响是深远的，同时这种记忆一旦形成信念也会为人居环境注入精神与魅力。我们在坪上村通过调研走访与村民大会的形式得知了村民对淹在湖下的黄溪老家记忆深刻。经与村民讨论，我们试图让村口空间与"老家"的记忆发生联系。

针对村民的方案进行交流是这个设计开放框架的重要环节，这是一个激发乡建主体性的过程。当我们在村委办公室为村民介绍村口公共空间与黄溪老街发生关联的设计想法时，方言的隔阂被打破了，喧闹的村委变得安静。他们理解这个想法并产生了共鸣，设计师与村民之间的信任得以建立，并在今后的工作中保持下去。

三、材料

村口场地是一个局促的陡坡，村标设计利用湖边村民熟悉的船型观景台，通过竖向与悬挑让空间延伸至山水之间。采用当地的石板瓦与山石结合垛木结构，回应当地传统；采用锈板作为字体与图案的底板，使砖红色的标识与当地的块石相映衬，加强了与村庄环境的联系；增加村民熟悉的构件元素，引起共鸣（图1~图3）。

四、乡愁的渡口

场地动线设计是基于人与场所的对话关系展开的，希望人们了解这个新村庄与湖的那段历史。首先人穿过由塔型村标构筑的一种仪式化的平台空间入口，看到有关黄溪老街的介绍；接着远眺黄溪老街的水下遗址。此时，人与老街产生了空间上与心理上的联系。我们将设计理解为

图1　村标建成照片

图2　村标建成照片2

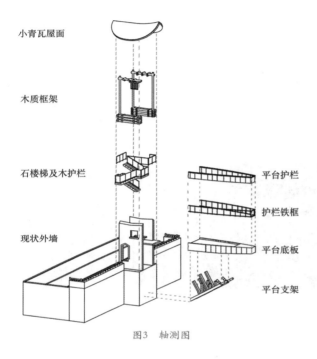

小青瓦屋面

木质框架

石楼梯及木护栏

现状外墙

平台护栏

护栏铁框

平台底板

平台支架

图3 轴测图

一种开放的框架。

通常乡村建设是从建筑入手，而坪上村公共空间资源匮乏，我们以乡村公共空间景观设计介入整体改造建设，激活村庄公共生活与集体回忆，重新凝聚人心。村标建成后，我们看见年轻人将这里作为新的公共场所，或者说这里是连接新旧之地通往乡愁的渡口（图4、图5）。

图4 村标已成为附近年轻人见证爱情的场所

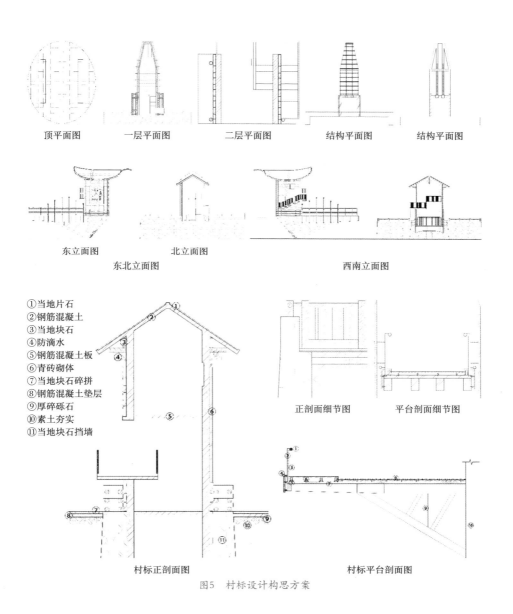

顶平面图　　一层平面图　　二层平面图　　结构平面图　　结构平面图

东立面图　　　　北立面图

东北立面图　　　　　　　西南立面图

①当地片石
②钢筋混凝土
③当地块石
④防滴水
⑤钢筋混凝土板
⑥青砖砌体
⑦当地块石碎拼
⑧钢筋混凝土垫层
⑨厚碎砾石
⑩素土夯实
⑪当地块石挡墙

正剖面细节图　　　平台剖面细节图

村标正剖面图　　　　　　村标平台剖面图

图5　村标设计构思方案

五、"共治"式景观设计探索

在探索村庄与旅游的关系时，我们遵循了环境教育与垃圾治理小闭环结合设计的原则，村庄聚居点距离巴山湖湖面有上百米的高差，下湖沿途垃圾的管理与搜集非常困难，设计希望将村庄小学改造与滨湖游线上一系列公共空间结合起来，让校园的环境教育课程可在滨湖的公共空间展开，增加沿途村民和游客环境教育参与感，激发村民与游客共同维护沿途环境的主体性，形成可以"共享共治"的乡村公共环境（图6~图8）。设计依据乡建院社区营造团队制定的垃圾分类方法和培训动线，选在下湖主路结合村民广场及停车场的位置，设计了以

鸟瞰图1　　　　　　　　　　　　　　　　鸟瞰图2

图6　村庄小学与周边公共空间模型鸟瞰图

图7　标识、台阶、观景平台实景图

图8 村里的孩子在改造后学校的靠山一侧坡地玩耍

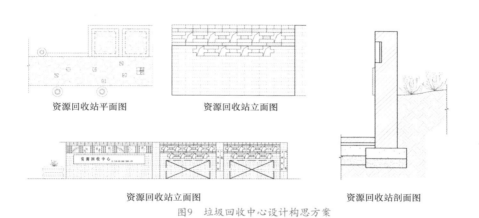

资源回收站平面图　　　　资源回收站立面图

资源回收站立面图　　　　资源回收站剖面图

图9 垃圾回收中心设计构思方案

垃圾分类回收和雨水搜集花园等为主题的景观节点（图9）。社造团队对小学生进行垃圾分类课程指导，同时希望通过一系列环境教育主题景观空间营造，引导游客在欣赏村庄与湖区的如画风景中参与到村庄湖区小闭环的垃圾治理中。

六、重识乡村垃圾

在乡村，垃圾是放错了地方的资源。从乡村垃圾的源头看，可用来堆肥的餐厨和焚烧的其他垃圾占大多数。当乡村旅游发展起来后，一是游客本身会带来大量的不可回收垃圾，二是村民为满足游客需求

乡村社区空间的再造设计

会过度消耗在地资源从而带来过剩垃圾，这给当地乡村环境整体带来了极大的生态环境压力，而坪上村又是全国水源保护地与国家级湿地公园，设计选择通过垃圾治理生态小环境闭环式的景观设计处理乡村旅游与生态保护的关系。利用垃圾分类原则，因地制宜，将废弃物分流处理，如乡村自生产可堆肥垃圾等，填埋处置暂时无法利用的无用垃圾，并利用设计将垃圾分类中心的标识以不同颜色进行区分，以设计达到视觉冲击感，从而调动起当地村民的垃圾分类处理的自觉性（图10）。垃圾分类场地由乡建院社工团队组织村子内外的小朋友进行垃圾分类课堂体验，小朋友们通过担任课堂体验游戏中的"分拣员"角色，学习一些简单的有机肥处理方式（图11）。学会了垃圾分类的小朋友们也逐渐担任起村庄的垃圾监督员的角色，这一系列行动让村民重新认识了垃圾。

环境教育：设计希望通过可参与的环境教育主题化景观设计串联村民广场、雨水花园（图12、图13）、垃圾分类回收中心、誓言台等节点，力图表达湖泊环境于乡村的不同意义体验。这种体验设计策略首先是通过对湖景山林运用框景、对景手法来强化村庄自然要素（比

图10 用砖、水泥砌块、废弃酒瓶设计的垃圾分类回收场地

284

图11 垃圾分类体验课

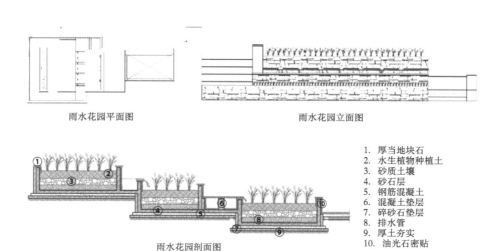

雨水花园平面图　　　　　　　　　　　　　　雨水花园立面图

1. 厚当地块石
2. 水生植物种植土
3. 砂质土壤
4. 砂石层
5. 钢筋混凝土
6. 混凝土垫层
7. 碎砂石垫层
8. 排水管
9. 厚土夯实
10. 油光石密贴

雨水花园剖面图

图12 雨水花园设计构思方案

图13　雨水花园及周边公共空间实景图

如村民儿时栽种的树木）与景观设施的共生关系，其次是以满足日常垃圾分类回收及环境教育的场地需求进行景观化的处理来体现；最后将这些景观片段的体验感在一个象征新的集体记忆的誓言台处进行升华。誓言台设计利用镀锌钢板材质对周边环境的反射效果营造一个冥想之地，并由上部分的透明材质和下部分的非透明材质相结合，通过以不透明材质高差起伏的变化，打造了一个山脉的缩影图，再通过地面的趣味导视说明提示游客将不能带下湖的垃圾（不可腐烂类垃圾）集中到垃圾分类回收池，实现以设计带动体验者共享共治的目的（图14~图16）。

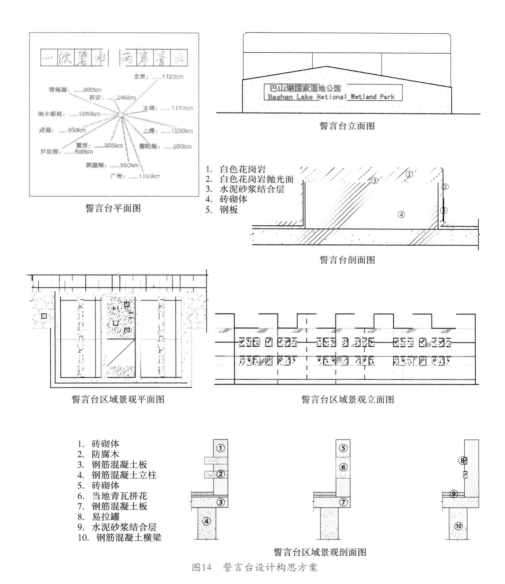

誓言台平面图

誓言台立面图

1. 白色花岗岩
2. 白色花岗岩抛光面
3. 水泥砂浆结合层
4. 砖砌体
5. 钢板

誓言台剖面图

誓言台区域景观平面图

誓言台区域景观立面图

1. 砖砌体
2. 防腐木
3. 钢筋混凝土板
4. 钢筋混凝土立柱
5. 砖砌体
6. 当地青瓦拼花
7. 钢筋混凝土板
8. 易拉罐
9. 水泥砂浆结合层
10. 钢筋混凝土横梁

誓言台区域景观剖面图

图14 誓言台设计构思方案

图15　村民广场的誓言台

图16　从观景台俯瞰村民广场与眺望湖景山色

七、废旧材料与低技术营造

设计考虑到当地乡村工人施工水平和施工条件等因素选择以低技术的建造结合当地材料为主，建造材料主要由便于加工的预制水泥块、砖木和废弃酒瓶为主。预制水泥块让村里的小孩子搜集了附近主要树种树叶拓印在水泥块后，将其安装在垃圾分类池内增加环保趣味；木构廊架采用钢构件连接地面，较为节约基础建造成本；废弃酒瓶结合普通红砖为主要铺地，设置在游客休息的主要亭廊处。希望通过废旧材料运用与低技术施工营造出一系列教育体验式公共空间，引导游客与村民逐步建立一种"共享共治"式的场所体验（图17、图18）。

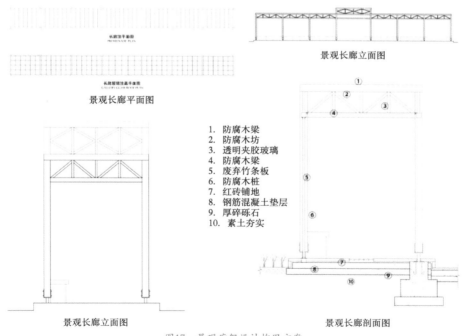

景观长廊立面图

景观长廊平面图

1. 防腐木梁
2. 防腐木坊
3. 透明夹胶玻璃
4. 防腐木梁
5. 废弃竹条板
6. 防腐木桩
7. 红砖铺地
8. 钢筋混凝土垫层
9. 厚碎砾石
10. 素土夯实

景观长廊立面图

景观长廊剖面图

图17 景观廊架设计构思方案

图18 景观廊架实景图

八、结语

我们发现坪上村外部公共空间的设计与实施过程是个村民主体性重建和村庄文化自信恢复的过程。这是一个动态的过程，设计师可以选择作为协作者利用这种规律协助村庄通过召开村民大会征集意见、与村民调研访谈、参与建造营建等方式加快进程，将"外人"指手画脚的村庄规划建设变为村民协力互助的自主建设成果，营造出一个能让大家共同爱护并融入集体记忆的"共享共治"式乡村公共空间。

项目信息

主创设计师：赵金祥

团队：粟淋、张小康、陈鹏、何宏权、张杰、傅国华

设计单位：乡建院

建造时间：2017年1月—2018年2月

项目位置：重庆市城口县巴山镇

客户名称：重庆市城口县巴山镇人民政府

致谢：感谢城口县巴山镇党委政府的大力支持，坪上村村两委及施工队伍的全力配合，特别感谢乡建院驻巴山镇社工傅艳吉、贾林闯为提升村庄公共空间使用效率所做的努力

重庆北坡旧桥改造

周静微　马超　任新

　　基地位于重庆城口沿河乡北坡村，北坡村是秦巴山区中一个典型的依水而建的小村落，北坡桥曾是进村的必经之路。然而在新修的公路开通后，北坡桥的功能被取代，便闲置了（图1~图3）。

　　作为对乡村这一广义场地的回应，建筑师们确立了模块化的建造策略（图4）。预制模块使得构件的精确度提高，施工难度降低，压缩了建筑师现场指导次数，同时保证了施工质量。预制构件也大大缩短了现场作业的时间，在近年来人工费逐年增长的趋势下，降低了施工成本。最终项目花了43天完成，其中场地清理准备用时5天，材料采购及构件加工用时30天，现场组装用时2天。总工程费35万元，其中人工费

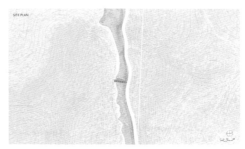

图1　场地平面图

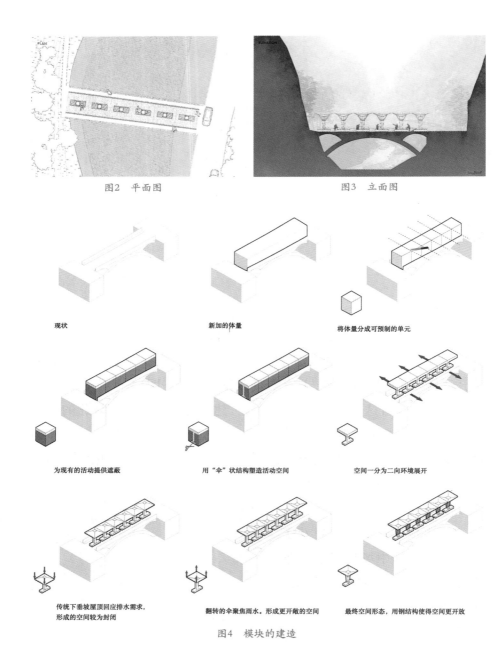

图2　平面图　　　　　　　　　　　　图3　立面图

现状　　　　　　　　　　　新加的体量　　　　　　　　将体量分成可预制的单元

为现有的活动提供遮蔽　　　用"伞"状结构塑造活动空间　　空间一分为二向环境展开

传统下垂坡顶回应排水需求，　　翻转的伞聚焦雨水，形成更敞的空间　　最终空间形态，用钢结构使得空间更开放
形成的空间较为封闭

图4　模块的建造

11万元。

　　在勘察了现状之后，建筑师们决定以"轻"质介入的方式。单元模块，"伞下的座椅"，回应最基本的遮阳避雨和休憩的需求（图5、图6）。选择向上翻转的伞面，是因相较传统下沉的坡顶，这种形式可

EXPLODED VIEW

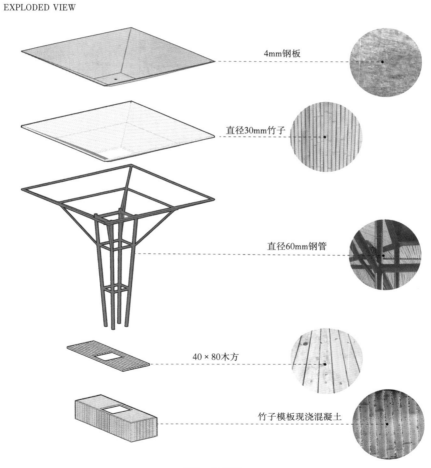

4mm钢板

直径30mm竹子

直径60mm钢管

40×80木方

竹子模板现浇混凝土

图5　分解图

SECTION

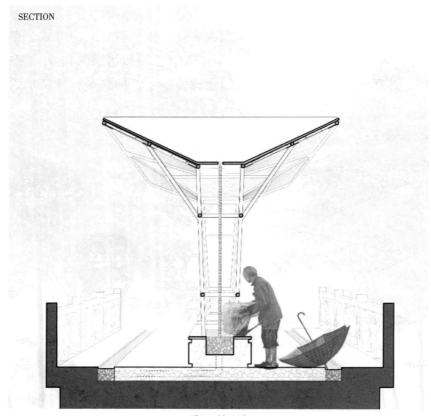

图6　剖面图

与桥面围合成相对封闭的空间，拥有更开放的视角和轻盈的姿态。向内聚拢"斗"状的屋面（图7），收集着民间象征财富的雨水，雨水沿着中心的雨链，流入石块，下渗到排水系统中（图8~图10）。

　　现有的北坡石桥是由村民众筹共建而成，作为共建传统的延续，最终形态是由6个独立的单元模块，组成一个连续的屋面（图11）。

　　材料的主题是当地的"白夹竹"（图12）。考虑到耐久性等因素，

图7　吊装"斗"状尾面

图8　雨链1

图9　雨链2

图10　雨链3

图11　实景1

图12　实景2

并不拘泥于竹材，通过不同的材质去表达"竹"的性质（Bambooness），纵向生长出：竹材纹理的混凝土座椅，与竹材尺寸相近的钢管，一字排开的竹竿和保护着竹材的钢板。不同材料之间的缝隙强调了建造逻辑，缝隙处的灯光使沉重

图13　实景3

的混凝土座椅与原桥面分离开，传达克制理性的介入态度（图13）。

项目信息

项目名称：重庆北坡旧桥改造

项目时间：2018年8月

建筑设计：乡建院适用建筑工作室（FIT）

主持建筑师：孙久强

项目建筑师：马超、任新

设计团队：钱知洋、胡彤、刘超群、王一晗

结构顾问：孟宪川

合作机构：原舍乡旅工作室

地址：重庆市城口县沿河乡北坡村

业主：沿河乡人民政府

施工：重庆项胜建筑装饰工程有限公司城口分公司

面积：19平方米

摄影：周静微，马超

制图撰文：周静微，马超，任新

中村竹桥
——低技术实验室

周静微　马超

项目位于浙江省余姚市鹿亭乡（图1）。余姚是长江流域最古老的人类文明河姆渡的发源地，中村地处余姚四明山的原始次生林脚下，一条小溪穿过整个村落。在场地的岸两侧分别是乡伴树蛙部落的生态树屋和其配套的俱乐部，两者间需要一座桥的连接。甲方也提出了工期短、低造价、使用年限大于3年即可的设计条件。不仅仅是形式，在设计中，材料、施工、造价也都是我们的考虑因素。

在这里，竹材资源非常丰富，也曾有不少经验丰富的竹匠，但现

图1　项目区位图

在都已是简单粗暴的加
工方式。村中的竹匠也
大都外出务工或是上了
年纪。因此，在解决功
能需求的基础上，我们
希望通过与当地老匠人
一起，采用低造价、低
环境影响的方法，建造

图2　竹桥模型

一座纯竹结构的人行桥。因为最终施工将由当地工匠负责，所以我们
将他们的经验也融入了设计的初始阶段。我们拜访了当地84岁的竹匠
俞国治师傅，并提出了想要造一座竹拱桥的想法，俞师傅用图和模型
表达了他的做法（图2）。

　　围护同样采用了竹子，形式上强调结构的拱形，上下对称的形式
则是受到当地白云桥和水中倒影的启发。当人们穿过竹桥时，逐渐升
高和降低的围护会将人们的视线导向不同的风景，远山、近水和过桥
之后的树屋（图3~图6）。

　　低技术实验室提供/追寻系统性的设计方案，这意味着使用当地的材
料，结合当地工艺的低技术施工方法，和适用于当地的设计方案，结合
材料，结构及施工一体的设计流程，使得我们可以得到最经济适用的设
计。中村竹桥的建造在25天内完成，仅花费2.6万元（图7~图13）。

图3　受到白云桥及其在水中倒影的启发　　　　图4　生成分析图

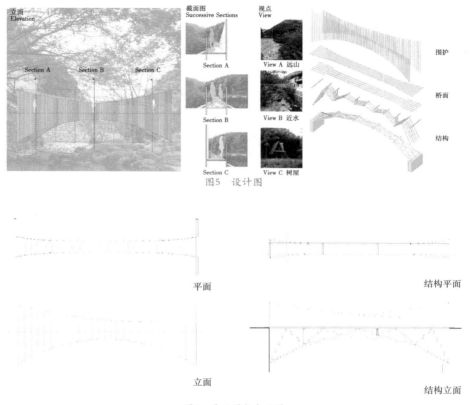

图5　设计图

平面

立面

结构平面

结构立面

图6　平面图与立面图

图7　项目实景1

图8　项目实景2

图9 夜景1

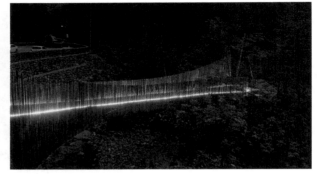

图10 夜景2

图11 建成后的竹桥

图12 搭建过程

图13 搭建

项目信息

主持建筑师：孙久强

地址：浙江省余姚市鹿亭乡中村

项目时间：2017年

面积：22平方米

摄影：马超

业主：余姚树蛙酒店管理有限公司

项目建筑师：马超、姚家庆

项目团队：孟斯、周静微、钱知洋、胡彤、刘超群、陶虹屹、郑呈晨、董妍初

建筑结构一体化设计顾问：孟宪川

施工指导：低技术实验室（LOW）

施工单位：竹匠俞国治及其团队，一甲装饰设计工程（上海）有限公司

制图撰文：周静微、马超

室内及标识标志篇

内美的乡建之路

房木生

假如说景观解决了乡村社区再造中大部分"景观"，或者美观的问题，那么，在建筑及风貌上面，我们提倡一种由内而外的"内美乡建"之路。

建筑的内在之美比单纯的外形之美更为重要。

我们知道，一个人，由内而外散发出来的包括智慧、修养、善意、真诚、自信、端庄等，往往比单纯的外貌漂亮给人印象更深。乡村的面貌也一样，不能只注重建筑的外观外貌这样的"面子"，更要注重"里子"：乡村建筑的室内、能表现乡村内在之美的软件建设。建筑室内空间的品位、功能的合理、层次的丰富、体验的美感等，直接影响人们留在乡村的欲望和体验，对乡村振兴的整体也产生较大的影响。

直接从所谓的"有用"角度出发，建筑的室内空间获得，也应该排在乡村建设的头等位置。而仅仅是"获得"，是不够的。乡村建筑在转型过程中，室内的建造品质、空间层次、装饰风格等方面，都面临着提升改造的需求。普通的乡村，特别是北方山村，一般的建筑室内空间，为三开间之类的几近于原型的简单空间，客厅、餐厅、卧室，甚至厨房，都混在这个三开间里面，卫生间一般在室外另设。在类似的情况之下，如何将建筑室内的分区做出分隔，增加空间的层次，比如将卫生间进屋、保证卧室的私密性等，以满足现代城乡人们的基本需求，这成为乡村建筑室内设计的第一要务。

从经济投入角度来说，首先把乡村建设中有限的资金投入到室内空间的改善上面，也是合理的。"风貌改造"，这是从上到下的视角看待城乡改造的一种模式，这些年政府投入的比较大。但从居民个体的角度来看，城乡的风貌似乎与他们的生活关系不是很大。特别是在乡村，乡村的风貌其实无所谓有多美好，乡村建筑在自然中经过时间及地形、植物的影响，其焕发出来的乡土性、丰富性，已经有它们自己的"风貌"了。而且，做风貌的投入，无疑是巨大的。如果把这些资金投入到建筑内部的改造、提升建筑室内的品质，我们认为，这样激发乡村内生动力的效果会更好。

从文化品位角度来说，室内也是激发乡村文化自信、挖掘乡土文化资源、展现乡土自然之美等方面的平台。乡村之美，往往通过乡村特有的乡土文化来展现。建筑围护的室内，曾经容纳了乡村村民们在历史和现在生活中的大部分生活片段，也需要面向未来乡村生活做出相应的生活文化场景。

如何连接历史与未来，如何平衡传统与现代，如何让乡土与外来文化共生，这些问题无疑在乡村建筑室内的设计中需要做出回答。

连接内外
——乡村的室内设计感想

吴云

命题作文。

写一篇关于乡村的室内设计，题目叫作"连接内外"。

其实室内是不需要设计的，尤其在乡村，或者说不需要特定的、专业的设计师来进行设计，因为它没有设计但处处充满了设计。

这些年大多数人都在谈民居消失了，乃至文化消失了，但进而了解发现，其实大部分是因为随着社会发展，生产力的提高，生活元素的需求增加了，也就是说，为了更好的生活，有更好的生存空间，是一个自然而然的选择，只不过新的文化这个复杂的架构还未形成之前，就抛弃了原来几百年约定俗成的旧架构，我们现在正处于这个阶段。所以，设计师的进入更多的在新旧之间做一个连接，或者说给新旧之间寻找一个通道。

老家有一套爷爷辈盖的土坯房，原来是三间正屋，正中厅堂加两侧一边一间卧室。20世纪80年代我出生后的三年又在两侧加盖了两间，在其中一侧还加盖了厨房和猪圈。这样，就是一排五间正房一字排开，一侧端头是厨房和猪圈，很自然，要保证五间正房的封闭性，就在五间房前段加一条巷（走廊），厅堂大门往前延伸2米，进入大门，一边一条巷，从巷进入其余四个房间。

厅堂里正对大门的北墙（其实我家不朝北，方便理解）正中间有一个神台，供奉的是祖宗牌位，神台不大，大概也就是长1米、宽40厘米的台子，三角支撑挂在墙上，但神坛比较高，一般成人了才能跟神台平视，我小时候上香都是站在凳子上。神台一般都是香炉在前，茶盏、酒盅各一个居中，祖宗牌位居后贴墙摆放。牌位后墙上贴一个红纸毛笔写的"天地君亲师位"，这张纸很大，基本都是正常规格的整张，两侧是对联，都是我们当地比较有文化的人写的。

神台的正下方，也有一个香炉，那是敬土地（神）的，据说，这个土地还是很管事的，小时候有别人家的小孩来我家玩儿，临走的时候需要在土地跟前鞠个躬，回去就不会有什么事，不然回去就会有个头痛脑热什么的，当然，这都是长大以后村里人跟我说的。北墙靠西位置，开一扇门，叫荫门（音译，通向后院竹林）。

厅堂很高，山墙估计都有八九米左右，东西山墙都没有开门，整墙。屋顶正中间东西向是大梁，上面刻有龙凤呈祥的图案和建于哪年哪月哪日哪个时辰的文字，这个位置也有些不是梁的，而是一块大匾，东西通长，高估计得有1.5米左右，一般上面要么写着要么刻着"紫微正（镇）照"四个大字，都是从右往左念的，小时候老不理解"照正微紫"是什么意思，念起来也特别拗口。山墙正下方一般都是条凳（八仙桌用的高凳）沿墙摆开，西边一般放常规的八仙高桌，正餐尤其是有客人来用餐都在这桌上，东侧则是一张团桌（75厘米矮桌），用于喝茶和平时用餐。

厅堂大门是绝对的"高大上"，门洞估计有3米多高，2米左右宽，

门框三面都是整木料，一般都用柞树整料，在上方两个交角的位置都有雕刻装饰的卷花，下部立在整料的石头门槛上，门槛不高，大概30厘米左右，上立门有两扇，一扇1.5米左右高的栅门，一扇通高的实门。栅门是临时外出时关着的，一般白天用栅门居多，晚上则关大门，大门很沉，小时候家里只有爷爷和父亲才能关得动，关的时候还会有摩擦的"吱呀"的巨大响声。在大门框的东框也设有一个香炉挂在上面（竹筒做的），是敬天神的，也比较高，比成年人还高一些，上香的时候要站在大门墩上踮起脚才能插进香炉里。小时候在家，每天早上吃早饭前要先敬天神，举着一碗白米饭，举过头顶，做虔诚状30秒左右，然后再到神台前敬祖宗，同样举过头顶30秒左右，然后再蹲下来敬土地，再回到桌子上吃饭。晚上则晚饭前，天刚暗色，给天神、祖宗、土地上香，节庆期间一般是三根一灶，平常就一根一灶。

现在全国各地都在做文化上墙的事，把家风家训、《弟子规》等文字都贴在墙上。家风家训是那些祖辈有几代重量人物才会流传的。像我这样祖祖辈辈都是农民家庭来说，没有总结的文字，没有流传的格言，但照样有基本普世的价值，对天地自然、对前辈古人和后辈来者，与邻相处和与客相交，虽各地稍有不同，但终其意义同归。老家客来在室内以北为尊，北以东为最尊，且先论辈分，再论年龄。所以，小时候去吃酒席闹出不少笑话。爷爷外甥孙喜宴，天冷，我代爷爷出席，在安席（安排座次，站大门槛上高声呼亲戚关系名称，如尊舅翁）时，死活要拉我到最北面的最东边的（东北角）一个座位坐下，不坐还不行，以为我家有更大的意见，几乎是要强架的架势，我一看阵仗，吓得直接回家了，弄得当时的亲戚家到处找人，最后找到我家。最关键是，因为我的逃之夭夭，让所有的宾客都在等着不能开席。

山东室内以对门方位（按北为例）为尊，主陪入北中间，西北为主宾，东北为副主宾，副陪背对门，正对主陪（南），东南三宾，西南四宾。人多，则东西正位都为陪，左右两侧都为宾。

乡村房屋的使用是一个系统，这个系统里涉及怎么与天地对话，怎么与自然对话，背后都有约定俗成的规矩和价值。像老家房子的诸多细节是在于天地对话，与神对话，安排座次是与人对话，与历史与文化对话。城市化的进程改变了人很多生活习惯和风俗，在一个几十到几百平方米的单元楼里无法像老家按传统把天、地、神、人的位置都给安排妥当，但是在追求城市舒适、方便的生活习惯的同时与阳光、与自然的对话是人与生俱来的本能。

所以，在进入乡村室内设计时，首先做的是使用功能的整合，比如在北方上卫生间需要全副武装的出门的状况需要改变；其次是保留部分与神对话的公共空间同时满足人的私密性；再次是扩大采光面积，或者说是增加与自然对话的范围和方式（图1~图7）。

图1　院子现状：已经是杂草丛生，北屋西屋石头房子外墙，东屋倒塌

图2 院子回归：室内客厅的延伸，与自然共生的状态。北屋保留原屋顶坡度，将屋顶拔高60厘米，增加了二层阁楼住人空间。拔高空间作为条窗采光，在顶部再开设天窗，增加对天对话的可能性

图3 恢复东侧倒塌房间，朝南朝西开大窗，卫生间置于屋内北侧，成为一个完整民宿单间。西侧房屋进深不到3米，保留所有外墙，对室内进行重新划分，在室内南侧为卧室，北侧为卫生间

图4　北屋西立面：在二层增加平台，山墙增加大玻璃门可以随意出入室外，与村里其他封闭山墙
形成明显的对比

图5　北屋增加二层，
将西山墙打开，增加
室外平台，让室外风
景纳入房间

图6　西屋室内：外墙保留原有石头墙，内部将
顶部和内墙重新装饰，结构保留，卫生间置于
室内（拍摄位置），满足现代基本生活要求

图7　北屋底层增加阁
楼，让空间得到充分
利用，增加空间层次

陌生乡村的指示
——东庄标识系统设计

房木生

　　传统乡村，特别是百十来户的中小型村庄，多数为一个熟人社会。在一个熟人社会里，每个地方的位置、性质、所属、界限等都是被熟人所熟知并有约定的。因此在传统村落空间内，分出标志界限的物件，可能是墙、石头、树木、道路等自然的东西，并不需要特定的标识系统。而在现代社会中，乡村需要对接外面的世界，除了日常的社区里面的熟人，还有可能有外面进来的陌生人。现在的乡村，已经或者正在往半熟人社区方向发展。因此，在现代乡村里面设立标识系统，形成一套能让陌生人快速识别社区内空间方位性质的指示标识，就显得很有必要。

　　淄博市东庄村的改造，用"以房养老"的方式置换改造原来只有老人居住的老房子，形成有民宿、手工坊、餐馆等更多空间的新型乡村社区。显然，当我们介入时，陌生人社区已经在发生。在样板区的设计及实施快完成的时候，我们为这个乡村设计了一套标识系统。

　　首先，是这个村庄特有的LOGO。东庄建立了一个村民合作社，名为"东福来乡村旅游专业合作社"，"东福来"取义"福如东海""紫气东来"等意，与东庄的"东"字结合了起来。LOGO的设计，直接用"东福来"三个字变形而得，在三个字上面放了一个双坡顶，取义乡村意象（图1）。LOGO形象简单易懂，很快就得到了村民的喜爱并获得使用。

　　在LOGO的基础上，我们为村里设计了一套指示系统（图2、图3）。总体还是运用双坡房屋的形象，上面放置LOGO，中间放置指示箭头、图案、文字等信息。根据放置的地方不同，大小、高矮、形式也进行了针对性的设计。这套标识标牌很快就制作出来并安装在村里不同的地方，

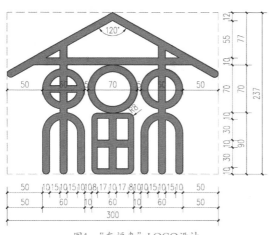

图1　"东福来"LOGO设计

图2　标志牌设计草图（房木生　绘）

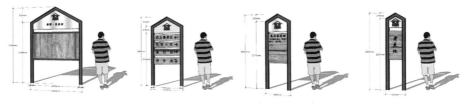

图3　不同位置及用途的标识牌设计

这些标牌，与村里的房子、树木一起，共同构建了一个新型乡村的多彩风景，也为这个乡村的开放和重新振兴，注入了一种新的元素。

　　LOGO及标识标牌，是我们在乡村振兴设计中常常涉及的一种内容（图4~图11）。重新挖掘每个乡村的独特性，并通过空间及LOGO标识标牌等文创方式表达出来，让乡村这种独特性获得大众传媒的传播，也完善乡村社区的景观及指示标识功能。更重要的是，通过这些设计，让乡村连接外面的世界，往城乡共生的理想前进，从而获得真正意义上的乡村振兴。

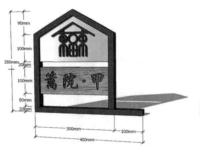
图4　挑出墙面的标牌设计

图5　房屋标牌

图6　街道上的指示牌

图7　院落前标牌

图8　建筑上的标牌

图9　建筑上的标牌

图10　村口的指示牌，放置村落总平面图，能让人迅速了解整个村庄整体情况

图11　村内标志性景观，形成新的精神性场所

重拾乡村文化自信
——参与式的主题村标设计

赵金祥

费孝通先生认为人类唯有一个共同一致的利益，文化才能从交流达到融合，文化的生命才能得到延续，文化才不会死。有文化自信，必须依靠一定的文化张力，在我看来这种张力正是源于集体的故事，是一个从无到有的过程。

一、故事起源——尧龙山村

尧龙山村位于贵州省北部的桐梓县尧龙山脚下，海拔1100米左右，夏季凉爽，是黔北地区知名的全国美丽示范乡村（图1、图2）。这里有许多关于尧龙山村的传说，村中老人常用"四川有个峨眉山离天三尺三，贵州有个尧龙山半截插在云中间"彰显自己对这座"靠山"的崇敬。不过这里与中国大部分村庄相同，村子的青壮年平日以去远方打工为主，老人孩子留守村中，近段时间无工可做的青壮年回村加紧扩建自家农家乐的经营面积，普遍已建到3到4层的高度，准备

图1　薄雾笼罩之下尧龙山宛如仙境（来自网络）

图2　村口现状实景

迎接来年数以万计到山上避暑的游客。这种竞赛式的乡村建设让村民
只关心"以量取胜"的进度，用毛利润与接待量计算美丽乡村建设给
自己带来的幸福，忽略了村庄内生文化与生活自信所带来的可持续吸
引力。

二、方案设计

在城市我们的设计常会忽略生活在一定文化中的人对其文化是有"自知之明"的这个社会因素（失去以家族为纽带的城市人的关系逐渐疏远），基于这个背景无论是设计师主动还是被迫设计的空间往往让使用者处于被接受状态。我们在乡村建设中希望解决这个问题，试图通过参与式的主题设计结合乡村文化的设计来历、形成过程以及所具有的特色。这个过程会基于村庄熟人社会的特点加强村民对文化转型的自主能力，取得适应新环境自主地位，这个过程也是老人们以长者身份言传村庄历史重建文化自信的过程，更是村民们重归村庄建设主体地位的重要阶段。我们的方案经过对村庄人居环境的深入调研与山水田居的空间梳理，决定把村口一个300多平方米的场地作为整村改造的启动区域之一，希望从村民关心的田间生产与生活入手，在协力建设村标及周围环境的过程中，辅助村民顺利找到旅游文化身份的转型切入点与重拾文化自信，以应对高强度的美丽乡村建设与快速发展的乡村旅游市场对村庄在地文化的冲击（图3~图5）。

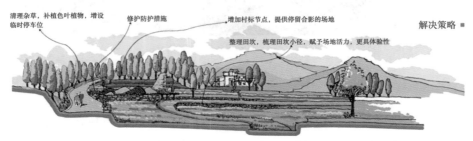

图3　梳理村庄文化故事结合场地关系快速绘制村标草图（何宏权、华玉雪　绘）

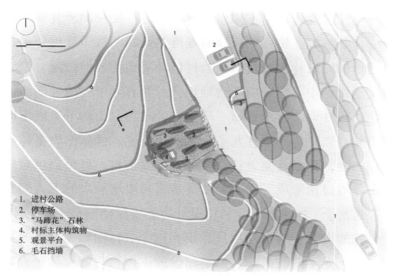

1. 进村公路
2. 停车场
3. "马蹄花"石林
4. 村标主体构筑物
5. 观景平台
6. 毛石挡墙

图4　总平面（何宏权　绘）

图5　剖立面a-a（何宏权　绘）

三、参与式设计——参与设计是为了唤起在地文化的集体共鸣

设计主题化是景观设计常用手法，但这种手法在乡村建设中常流于应付上级领导的噱头，不能接足地气，究其根本是对村庄调研不够

深入、对乡村建设的村民主体地位认识不清，无法调动其参与的积极性，若结合参与式乡建方法巧妙引导可起到四两拨千斤的作用。比如这个村庄村标的设计主题是边整治村口环境边形成的思路，最终在与村民的反复讨论中确定了引用当地流传"龙有九子"的神话传说为主题。设计师巧妙地让当地石材"马蹄花"在尧龙山脚下生成不同肌理的九座山脉，以呼应"龙有九子"的神话传说。村标作为主体与山林水田交相辉映，犹如九龙之首，守护着尧龙山村。村民通过对村口村标设计主题的讨论形成了共鸣，尤其是当初讲述故事的老人们在讨论以"尧帝九龙子"的主题贯穿村口设计时显得激动不已（图6、图7）。这种参与式的设计一方面使村民意识到这个"村庄脸面"讲的是自己村庄与尧帝九龙子的故事，自己是建设的主体参与者；另一方面在文化主题上留白的村标设计探讨转移了村民对房屋改造的热情，自觉参与到关乎代表自己村庄形象气质的文化主题思考中。

图6　村标设计方案在村民大会上引发了老人们强烈的共鸣

图7　村民胡师傅在参与村标建设时喜笑颜开

四、材料运用——协力造物开启自然的认知方式

当地材料运用一直是乡建的难点，设计常常会陷入模仿城市材料的工艺与样式，最后就剩堆磨盘摆坛子的乡土景观，这种设计常忽略了当地材料的生长与工艺特性。马蹄花石材是当地特有材料，其表面常有马蹄花纹，我们希望通过与熟悉其特性的村民协力造物了解其特征，再以科普宣传方式让石材自己讲故事，恰好村子有对姓傅的石匠父子，从事马蹄花石材打磨工作多年，我们有幸在其引导下了解了马蹄花石材形成与开采过程，这种当地石材开采起来有一定随机性，可能是光面或毛面，亦可能是黄色或灰色，更有特色的是部分石材含有化石。最终我们与石匠商讨决定利用石材加工厂不便出售的角料与废料，采取角料整体搬运摆放、废料经打磨后层层叠砌模拟石材自然生成的过程，向人们普及这种石材的九层特质（图8）。我们一起做了个样板，反复推敲，最后的成品让石匠父子很欣慰，他们把它当作艺术品一样对待。

马蹄花石材上有五层、下有九层，在石材加工中中层易于加工销售，其他几层较薄难于加工常为废料，设计师巧借石材特性打造"马蹄花"的故事

图8　利用当地材料巧妙组合营造出"会讲故事"的景观（何宏权　绘）

五、九龙游田——在地文化建立了人与田的新关系

在乡村建设中人们往往关注房屋改造与村民广场的打造，忽视了村庄生产性田地作为公共景观的利用，改造这部分生产性景观的过程是集改善村民生产环境、提升生产作物安全性于一体，并非只为美观。本案村标选址紧挨主路旁洼地的水田，有部分土坎与石坎蜿蜒其中，我们在这个村标区域的设计延伸是与这块田的田坎发生关系，并与田的主人一起加固田坎，选择几条其常用的进出路径作为加固对象，这样既强化了九龙蜿蜒田间的肌理印象也满足了村民生产生活的便利需求。在村标建设过程中村民越发关注田坎施工质量，不再像建设刚开始的时候觉得这是政府与工队的事，对于砌筑坎子石头的大小与样式选择也常与设计师一起探讨，他们说因为这里是村子的脸面不能马虎（图9）。村民与这片水田因传说相聚于村标，村标内部有一个独特的挑台悬于田上，站在挑台上村民第一次发现村口这块不起眼的水田经过整治可以如此美丽，田可以变成"脸面"融入自信（图10~图12）。

图9 为了"脸面"村民、设计师、项目经理探讨如何砌筑好看的田坎

图10 强化的水田肌理

图11 改造后的田坎路让村民下田不易滑倒、回家更加便捷

图12 悬于水田上的村标与挑台重新建立了人与田的关系

六、重拾自信是幸运故事的延续

　　村标不仅仅是一个标识，更是一个场所，是村民与我们在乡村建设大潮中共同守护村庄文化自信的见证（图13~图15）。在整个过程中主题本身并不重要，重要的是我们以一种开放式的设计框架让各个利益相关体都参与进来，逐步摸索到一条可以产生集体共鸣的主题文化线索。尧龙山村的村民们正逐渐认识到自己尧龙文化的独特魅力，这使得其文化自信也越来越强。以往只有村里少数老人闲聊的尧龙传说，如今常见曾参与建设的年轻村民在村标前与邻村的亲朋好友们分享。老人们也顺理成章地因"会讲故事"而备受尊敬，路过村标都要抖抖精神。今年央视二套到村庄采访时，站在摄像机前的老支书充满自信地给记者讲述着村标的来龙去脉。

图13 村中唯一的乡野诗人胡金桥主动带领我们与村里"怀揣文化故事"的老人沟通

图14 村民与游客共赏"村标",共忆故事

图15　村标内部全景

　　小时候我们常听爷爷奶奶讲故事，长大了我们关于故事的回忆往往显得苍白。在乡村，老人们有很多的故事，来不及讲就入土为安了。愿我们在乡村珍视这设计的机会，记录好他们的故事，为我们这片挚爱的乡土留下最后一点接地气的记忆。

项目信息

　　主创设计师：赵金祥
　　设计师：何宏权、寒先平、张小康、宋正威
　　建造时间：2016年2月—2016年8月
　　项目地点：贵州省遵义市桐梓县尧龙山村
　　材料：当地石材角料、废木料、废菜坛、混凝土、竹片等
　　总面积：约300平方米

再建新乡村的精神堡垒
——岢岚几个乡村村标的设计

房木生

乡村振兴，实际上是乡村的重建，重建破败物质空间，再建礼崩精神家园，共生城乡和谐社会。乡村，作为普遍上人们的"故乡"，精神性的物品总让流落在外的游子魂牵梦绕：一座青山，一条小溪，一株大树，一座牌坊，甚至就只是一块石头……这些普通却又不普通的物件，能共同勾起那些"同乡人"或喜或狂的情绪，唤起共同的乡情。

我们可以把这些能勾人情绪的物品，称之为"村标"。

村标，是一种标识，代表这个村社共同体的某种气质，具有独特性、文化认同、精神堡垒等特点。在以往的传统乡村中，这种"村标"，是在时间长河中沉淀下来的，一座塔，一个亭，几棵大树，都成为这些村社共同体中的"村标"。

在我们再建的乡村社区空间中，诸多村庄，往往没有类似的"村标"，普普通通，开车路过都不知道来到了哪里。因此，在这种乡村里进行再建设计，"村标"成为一种急需建立的项目。

　　我们希望通过村标的设计和建造，检验和培养施工队伍的水平，再建新老村民对村落社区的精神认同及身份标识，在景观上再立风景标志，让乡村焕发新的活力。

　　在晋西北的岢岚县，2017—2018年，乡建院受邀服务设计了十几个村庄，完成脱贫攻坚、撤并及升级中心村村容村貌等任务。其中宋家沟作为重点建设的村镇，国家领导人曾亲临参观。

　　宋家沟的建设，包括撤并过来村庄的房屋建设、原有街巷的改造和公共建筑及空间环境的改造。因为村镇的空间面积较大，在村中及村尾各做了一个村标。主村标位于209国道边上，利用原有一块坑洼地带，设计团队设计了一个主体13.80米及高2.2米的基座，结合道路、广场及游乐设施，让此处成为了209国道边上的一个地标，也成为了宋家沟村真正的精神堡垒和重要的公共空间（图1~图3）。在形象上，两片

图1　宋家沟的主村标，位于低洼处

砖石瓦片混建高低错落的墙体，顶上有单坡屋面，两片墙夹着高大的字匾，再加上石拱、垂花门檐口等元素，共同构建了一个既有传统建筑风貌元素又具时代精神的标识感很强大的村标。村标的基座，形成

图2　由基座及连接拱桥等烘托的宋家沟的主村标

图3　宋家沟的主村标位于209国道低处，高13.8米，考虑了环境的尺度

该处低洼地带的小岛，由石拱桥面与村内广场连接。

在村庄另外一头的小村标，设计手法相同，只不过两片墙相错了一个位置，材料变为泥面粉刷（图4、图5）。

图4　宋家沟的副村标，与主村标相似但不同

图5　掩映在树丛中的宋家沟副村标

宋家沟的两个村标，用后现代构成主义的手法，用拼贴、拉伸等手段，为这个村民重新组合的村庄做出贴切的阐释。实际上，它们已经受到了村民及外来人员的高度认同。

除了宋家沟，剩余的村庄改造，是轻介入的方式，主要的着眼点是风貌的改造和包含部分公共浴室、公共厕所等的增建内容。从风貌的角度来看，村标成为改造内容的重要部分。

高家湾也是209国道边上的一个小村落。设计团队设计的村标，方形柱状，也放置在路边不远处。主体砖砌，中间包围一圈钢板，钢板上刻村名，并有自由镂刻的圆孔（图6、图7）。

西会村的东主村标，设计团队吸取了当地民宅烟囱的造型，放大变形，做了一组构筑物小品，放置在道路绿地上，形成标识性（图8~图10）。设计师敏锐地捕捉到了当地民间建筑上的特殊元素构件，经过尺度的放大，重新创造了一种既有新奇感却又保留当地特色的标识形象，可谓抓住了"村标"所要传达的核心思想。西会村的西半部分，在道路的另外一边，设计团队吸取了当地民居的瓦顶土墙砖座元素，

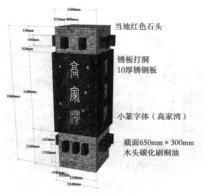

图6　高家湾村标尺寸

图7　高家湾村标

用三段式的形象，结合场地环境，在尺度上进行了细致的推敲。

五里水村，与平行于村庄的进入道路隔了一条铁路，因此在村标的位置选择上，结合进村隧道口边的山体，放置在土墙上（图12）。设

图8　西会村东村标

图9　西会村村标

图10　西会村东村标，烟囱的放大

图11　西会村西村标，民居元素的提取

计团队设计了横竖两堵墙，一高一矮，用当地的红色石头砌筑，上面镂刻"五里水"（书法题写：房木生）三个大字。这个村标，用一种低调的方式，让村标融入环境之中，成为环境的一部分。

店坪村整个村庄也是与进村前大路隔了一条铁道。设计团队设计的村标，采用了传统牌楼样式进行改造设计，由砖木结构搭建，传统而大方，与进村的隧道口形成对景效果（图13）。

柳林村村标，则设计为一个标志牌的形式，空透轻灵，只在基座旁边设计了砖墙瓦顶，传达了传统乡村元素。经济、简单、醒目，达到了要求（图14）。

图12　五里水村，两堵交错的石墙，组成融于环境的村标

图13　店坪村村标　　　　　　　　　　图14　柳林村村标

　　乔家湾和牛家庄的村标，则完全使用了村庄里面的砖的元素，用单拱和多拱的形式，向传统晋西北的窑洞、牌楼等形式致敬，形成了新乡村的标识效果（图15、图16）。

　　团城中心村及阳坪村的村标，则应用砖、石、瓦、木及传统的装饰构件，用一小组组合构筑建筑的形式，醒目地传递了"乡村"的形象（图17、图18）。

　　设计师进入乡村，在乡村振兴大潮中扮演了重要的角色。乡村的

图15　乔家湾村标

图16　牛家庄村标

图17　团城中心村村标

图18　阳坪村村标

振兴，核心是人的振兴。就如以前乡村的知识乡绅阶层所扮演的角色一样，返乡的大学生、官员和商人等，往往带回来外面的观念和知识财富，不只是经济上的财富，我们称之为乡贤。进入乡村的设计师实际上也是某种程度上的乡贤，设计师用其创造力和专业的知识，为乡村带去文化知识的更新。

村标的设计，只是设计师在乡村设计中的小部分工作。但村标因为代表了新乡村精神和文化方面的凝聚，在设计上背负的压力和难度是很大的。往小里说，村标只是一个村庄的标识，只要立个牌子写上村名即可。但往往村标还担负着更大的任务，那就是如何用村标的形式，简要地解释该村落的主题和特点，是村庄的"门面"，马虎不得。

以上在山西省岢岚县几个村庄设计的村标，只是设计师们在乡村村标设计中的几种探索。不管是用民俗的手法还是用现代构成的手法，都体现了设计师团体这个"乡贤"视角对该村落的知识投入和创造力。房木生作为乡建院的总设计师，全程参与了以上几个村标的设计指导工作，并亲笔题写了其中几个村标的文字。有很多极具创意和表现力的村标设计，由于各种现实条件，未能建成。我们希望这些已经落户各个村庄的村标，能发挥其积极的作用，标志着乡村新的振兴，创造乡村新的生活。

以上村标的设计，分别由彭涛工作室、许义兴-郭小刚团队、孙大鹏-韩晔团队、李一淼团队、李明初团队等设计实施，在很短的时间内，各团队做出了很大的工作量并实施完成，非常感谢！

写在后面的话

　　编写这本关于乡村建设设计方面的书，时间一延再延。

　　作为本身就是设计师的我，研究乡村设计乡村建设乡村，这几年来，都是正在进行式。正在进行中的工作，每周都有新的想法甚至新的作品在呈现，而写进书里，往往就成了"盖棺定论"。这让我对这样虽然有思考但仍觉得不成熟的文字及作品产生了担忧，很怕这样的"盖棺定论"误导读者对乡村设计的认识，也怕我及同伴们业余写出的文字传达得不全面不准确。

　　后来，我想，这种片面和不成熟，在大家都摸着石头过河的乡村建设领域中，是显然的，也就不忧心了。如果把乡村振兴中的设计问题比作一头大象的话，正在进行式中的我们，可能都是在摸这头大象的瞎子。亲自上手上鼻子上耳朵触摸闻听这头大象，哪怕是局部地探知，也是迈出了步子，值得肯定。

　　乡村设计中，实践很重要。

　　哪怕我们是瞎子，在不断地实践过程中，也有摸遍这头乡村大象的全身，有准确地了解和描述出乡村振兴设计全貌的可能。何况我们，不只是一个人，不只是一个村，不只是一片地区，不只是一种方式，全职地投入到乡村振兴设计当中，完全正在进行着。

　　在乡村建筑领域，20世纪80年代中后期，清华大学建筑学院的陈志华先生提出用聚落研究的方法代替之前的民居研究方法，并与楼庆西先生、李秋香老师为主，成立结合一个以毕业班学生为小组的乡土建筑研究小组，为中国的传统乡村聚落研究做出了不可磨灭的贡献。我有幸参加了其中一年多的学习调研实践工作，并建立了从聚落、民俗等角度介入乡土建筑研究的观念。后来，在住建部中国建筑历史研究所师从傅熹年、孙大章先生，也遵循了一种大处着眼小处求证的探索方法。再后来，偶然发现我的名字"房木生"可以音译为Farmerson，再意译回中文，是"农的传人"，并以我自己的名字注册了设计公司，忠诚地设计工作了十几年，我感受到了自己名字里蕴含了一种为乡村为设计努力的使命。2015年进入乡建院进入乡建领域，可以说是命中注定了的。

　　城市化的高速进程，让中国很大部分的农村人们进入了城市，成为城市居民。诸多乡村也因为人员的流失在逐步地空心行进当中。不可避免地，大部分乡村将会消失，遗留的乡村，在城市化现代化大潮中，也需要重新振兴才能得以存续。我们相信，乡村设计是乡村振兴当中一个有力的催化剂，乡村设计在乡村的社区再造当中扮演着重要的角色，好的设计可以让乡村产生更多的乡贤，更多"农的传人"。

　　我们，走在乡间的小路上。

　　感谢时代给了我们这样一个高度实践的机会，感谢以李昌平、薛振冰为首的乡建院同事们，感谢各级政府合作伙伴及总组稿屈霞、陈金陵老师，也致谢我的同事伙伴吴云、苏亚玲及亲人张玮等。在这样一个共生的世界里，携手同行是多么重要！

房木生
于北京清河畔

附：乡建院各规划设计工作室及负责人简介

城乡共生总工室简介

城乡共生总工室是基于文化经济全球化、城市化与逆城市化的背景下成立的工作室，其设计规划、研究实践视角涵盖乡村内部空间、城乡共生空间。工作室遵循"在'地球村'世界，城市与乡村不再各自孤立，而应共生"的原则，通过规划、建筑、景观、室内等方面的设计媒介的介入，在乡村社区实践一种城乡共生的可能，包括激发人工与自然，传统与现代、城市与乡村等共生关系。

城乡共生总工室由乡建院总工程师房木生先生主持，由十几名各专业的设计师成员组成。自成立以来，在山东淄博、山西河曲、贵州遵义、湖北武汉、广西百色等地展开了富有成效的实践。

房木生

著名景观建筑设计师，房木生景观创始人，乡建院总工程师。毕业于清华大学建筑学院，师从陈志华、楼庆西、孙大章、傅熹年等先生研究乡土建筑，后致力于景观建筑设计实践，有超过20年的建筑景观设计管理经验。

其景观规划设计作品在国内获诸多奖项。曾接受中央电视台《设计之魂》《非常设计》等节目组专访，其文章及作品发表收录于《中国国家地理》《景观设计学》《景观设计》《世界建筑》《世界建筑导报》《建筑创作》《中国景观设计年刊》《海峡两岸优秀景观作品选》等报刊书籍中。

设计主要作品有：山东淄博市淄川区土峪村总体营造、东庄村总体营造、淄博周村区山头村总体营造、北京运河岸上的院子、唐山唐人起居、江苏沛县沛公园，全国人大机关办公楼景观（北京）、中国文化中心景观（泰国曼谷）、中国广东瑶族博物馆、山东威海石岛古点桃源酒店、乡影共生舞台系列等。设计作品入选"首届中国设计大展""中日韩在华青年建筑师作品巡展"等。

设计特点：善于抓住土地特性，结合人文地理信息，做出立足当代的设计判断。

研究方向：文化景观、生态景观、旅游景观建筑、城市设计、乡土景观建筑。

微信公众号：farchitecture，共生风景。

适用建筑工作室简介

适用建筑工作室（FIT）由一群热衷于探索乡村建设"适用之道"的伙伴组成，秉承乡建院的开放和协作精神，以Fun（快乐）、

Inspiration（灵感）、Transformation（转译）为工作原则，拒绝照搬和复刻，追求以当代技术和材料诠释传统文化，致力于运用设计手法营造富含快乐和灵感的乡土空间。

孙久强

乡建院副院长，南京大学建筑学硕士，国家一级注册建筑师，适用建筑工作室（FIT）总监，低技术实验室（LOW）联合创始人。

曾就职于北京市建筑设计研究院，后加入乡建院。主持过多项乡村综合发展项目，具有从产业策划、总体规划、建筑及景观方案设计至施工图设计及建设落地的丰富项目实操经验。

乡村持续发展工作室简介

乡村持续发展工作室是以内置金融为切入点的系统乡建工作室，业务包括新农村规划设计、内置金融与组织经营、社区营造与生态治理，以组织、建设、经营乡村为目标，运用发展动态设计思维、驻村设计的管理模式，致力乡村综合治理，从而建设"生产有效、生活富裕、生态改善"三生共赢的智慧乡村。

"新农村规划设计"提供总体规划、产业规划、生态规划、道路交通、民居设计与改造、文化修复等解决方案，指导落地实施；"内置金融与组织经营"提供创新的土地、金融制度与社区发展计划，激发新农村发展的经济活力，开发新型经营模式；"社区营造与生态治理"提供社区营造服务，引入前沿环保技术、经验与理念，创造宜居乡村的生态与居住环境。

乡村持续发展工作室将以县域为单位推进乡村规划设计，提供陪伴式系统性规划方案，以内置金融为切入点建立系统的县域乡村振兴整体设计方案，最终实现以建立县域村镇建设为典型，推广系统乡建的县域建设模式。

彭涛

乡建院副院长、乡村持续发展工作室总监，毕业于福建师范大学美术学院，曾任职北京土人规划设计研究院，参与城市规划，景观规划，旅游规划，景观设计等项目。

当前致力于以"内置金融"为切入点的系统性乡村实践，主要负责项目：山西忻州市岢岚县，内蒙古准旗尔圪壕嘎查、达旗林原村，山东微山岛镇杨村项目等。主要参与项目：四川泸州，河北阜平龙泉关镇、邢台岗地村、易县东西水村项目等。

原舍乡旅工作室简介

原舍乡旅工作室由投资、策划、文创、建筑、景观等背景的资深专业人员组成，是打造乡村文旅综合体的复合型工作室，负责乡建院西南项目的整体运作。目前工作室致力于探索乡村振兴背景下乡土文化自信中的设计实践、塑造乡旅文化在地品牌、构建城乡互动的运营模式和开发路径，运用系统乡建理念指导乡村建设运管一体化。

工作室主持过乡建院多个乡旅文创综合体项目，具有从产业策划、文创品牌建设、总体规划、景观方案设计至建设落地指导、运营咨询服务的丰富项目实操经验，工作室创始人赵金祥兼任重庆市建委乡村建设发展顾问。

赵金祥

乡建院原舍乡旅工作室总监，重庆大学风景园林硕士，重庆市乡

村建设发展顾问，持有基金从业资格，具备丰富的旅游度假综合体、旅游地产等文旅项目开发与建设管理经验，先后主持过四川省王朗自然保护、南充市江陵镇元宝山村、重庆万盛黑山谷度假区、奥陶纪主题公园、巴山镇坪上村，贵州省桐梓县尧龙山村等多个乡村文旅综合体项目，具有从顶层设计、产业策划、文创品牌建设、规划建设落地指导、运营管理的全程经验，擅长以内置金融村社促多产融合式的乡旅资产运作与盘活。

可持续乡村工作室简介

可持续乡村工作室致力于用朴门永续的智慧去改善乡村环境，创新性解决乡村公共空间的综合设计领域，持续研究契合乡村的自然材料及建造技术，在设计理念和落地实践上具有前瞻性，在施工指导上有丰富的经验，其规划设计的案例在国内均获得广泛赞誉。

目前已经规划打造了太行山竹艺小镇——于庄村（位于河南省焦作市博爱县），中原国际生态村——东庵上村（位于河南省濮阳市清丰县），英雄冀鲁豫革命区——沙格寨村（位于河南省濮阳市清丰县）等项目，各项目均赢得了业内的广泛赞誉。

此外，工作室与国内诸多雕塑、绘画、文创工作者、自然教育工作者等均有合作，有助于将各类创意、休闲、前卫项目及观念融入到设计中，打造出充满创意、文化、互动的多元化乡村环境。

罗宇杰

可持续乡村工作室总监、LUOstudio创始人。前BIAD1A1创意中心设计总监、中央美院建筑学院客座教师、高校联合建造节指导老师、大院校友会常任理事、国际DGR中国北京发起人及组织者、VB9MC机车创始人之一、灵感日报社副社长。

2017年6月，作为建筑、结构专家设计搭建在芬兰赫尔辛基举办的《感知中国VR互动体验展》。

2017年6月，研制《9.639》装配式可动办公空间，策划9位不同领域优秀设计师在该空间举办沙龙。

2015年9月，获邀参加北京国际设计周，作品《不增无减The Constant》。

2014年7月，中央美术学院MFA研究生优秀论文、设计，参展CAFAM《千里之行》。

2014年北京市建筑设计研究院65周年庆典，获颁"BIAD榜样"称号。

2013年10月，北京建筑设计研究院优秀方案二等奖，作品《长春长德城市展示馆》；优秀工程二等奖，作品《鄂尔多斯东胜区第六中学》。

2013年9月，《3 in 1》获BIAD再设计一等奖，获邀参加《建筑之外》意大利威尼斯文献展，并在北京今日美术馆、上海CBC建筑主题馆巡展。

2007年7月，中央美术学院建筑学院毕业设计一等奖。

2006年7月，BIAD奖学金一等奖。

2004年5月，首届国际建筑与非建筑展览学生集体组一等奖。

宝葫芦工作室简介

乡建院宝葫芦工作室团队成员内配合默契、专业完备、涵盖从前期可行性分析、旅游产品策划，到方案规划、设计、建造施工乃至后期运营推广的相关人才。在乡村建设领域，团队一直尝试建立跨界的思维，通过在地的营造实践，对本土文化的现代表达，探索具有独创性、艺术性和可持续的当代乡村景观。既不对西方进行表面模仿，也

不对传统进行肤浅的解释，创造符合当下时代特征的高品质乡村设计。结合顶层的制度，为乡村综合更新提供优秀扎实的解决方案，营造更具活力的乡土生活场景。为了保证设计质量，首席设计师对每一个项目有足够的时间和精力上的投入，对每一个项目，都会和甲方、建筑师、施工方以及其他团队密切合作，寻找最切合项目需求、最能提升项目价值的方案。首席设计师对设计从头到尾的每一个细节都亲自把握，以确保设计理念被准确地执行。

傅英斌

宝葫芦工作室主创设计师，主创景观设计师。长期从事公共景观、城市更新、生态景观规划及乡村改造的研究与设计实践工作。有着国内大型设计院长期工作经验，曾主持众多公共空间景观规划及设计项目，对公共空间设计、乡土美学的空间表达有着丰富的经验和独到见解。

在乡村建设领域，寻求跨专业的综合的乡村在地营造实践及乡土语言的现代表达，通过结合顶层制度设计将乡村综合更新在空间上予以解读和阐述，对项目从概念策划到落地经营进行全程把控。擅长民居改造更新，乡村民宿设计，乡村公共空间营造，乡村活动策划及产品开发等。

王磊　原乡建院百年乡建工作室设计总监
张东光　原乡建院百年乡建工作室设计主持人
吴静　乡建院品牌部总监
吴云　乡建院城乡共生工作室执行设计总监，房木生景观设计副总监
苏亚玲　房木生景观设计（北京）有限公司设计部经理